中国博士后科学基金面上项目（2017M621156）
辽宁省教育厅基础研究项目（LJ2020JCL036）资助出版

树状结构拓扑优化及找形算法研究

赵中伟　张霓　著

辽宁科学技术出版社
沈阳

图书在版编目（ＣＩＰ）数据

树状结构拓扑优化及找形算法研究 / 赵中伟, 张霓
著. 一沈阳 : 辽宁科学技术出版社, 2021.3（2024.6重印）
ISBN 978-7-5591-1975-9

Ⅰ.①树… Ⅱ.①赵… ②张… Ⅲ.①钢结构—最优
化算法—研究 Ⅳ.①TU391

中国版本图书馆CIP数据核字（2021）第040222号

出版发行：辽宁科学技术出版社
　　　　　（地址：沈阳市和平区十一纬路25号　邮编：110003）
印 刷 者：沈阳丰泽彩色包装印刷有限公司
幅面尺寸：185mm×260mm
印　　张：9.25
字　　数：350千字
出版时间：2021年3月第1版
印刷时间：2024年6月第2次印刷
责任编辑：高雪坤
封面设计：魔杰设计
版式设计：辽宁新华印务有限公司
责任校对：栗　勇

书　　号：ISBN 978-7-5591-1975-9
定　　价：50.00元

编辑电话：024-23284360
邮购热线：024-23284502
http://www.lnkj.com.cn

前　言

　　树状结构由于其造型新颖、结构效率高、受力合理等特点引起了国内外广大学者的广泛关注，目前已广泛地应用于大型公共建筑结构中，同时，在国内外的工程实践中得到较多的应用。树状结构将荷载由一点传递变为多点传递，提供了更多的传力路径，支撑范围也就更大、更广，进而提供广阔的室内空间。本书以树状结构为研究对象，详细地总结和分析了国内外树状结构的研究成果与发展现状。在基于前人研究的基础上，对树状结构的找形分析、拓扑结构的建立、树状结构的屈曲分析、分枝几何长度的优化以及杆件的稳定承载力优化进行了针对性研究，提出了树状结构找形算法、树状结构构件长度优化算法、拓扑优化算法。本研究成果可为树状结构进一步的广泛应用提供理论基础，以此来推动树状结构在我国的建筑工程中更为广泛的应用。

　　主要研究内容和成果如下：

　　①对树状结构进行找形分析，寻求最合理的受力形式。详细地阐述了找形的原理，提出了利用双单元数值模型的迭代过程对树状结构进行找形分析的数值分析方法。通过有限元分析进行参数化分析，建立了双单元的数值模型，通过现有研究结果验证了这种方法的准确性和可靠性。对3种不同类型的树状结构进行了找形分析，计算结果表明，所提出的数值计算方法对树状结构的分析具有很高的精度，同时也具有很高的效率。在给定荷载下，树状结构的各个分枝主要受轴向力作用，弯矩很小可以忽略不计。计算导出的树状结构在规定荷载作用下仍处于平衡状态。

　　②建立树状结构体系的有限元模型，适当布置树状结构分枝的空间分布，使得它们仅受到拉力或压力作用，分枝杆件的横截面积可以减小以保持屈曲能力。通过大量的ANSYS参数化设计语言进行拓扑建立，深入地研究了树状结构分枝在空间上的合理配置。确定最佳树状结构的分枝形式的找形分析方法，注意其主要几何参数，利用遗传算法优化选型后树状结构分枝的截面积。通过优化截面积的组合来使整体结构的屈曲能力最大化。用遗传算法求出不同层位的优化面积比，当允许最大值发生变化时，不同分枝构件的优化面积比保持不变，截面面积的平方取不同情况下的屈曲载荷系数之比。可以根据屈曲能力要求确定杆件的最大面积。进行参数分析，验证遗传算法和所提出目标函数的可行性，并推导出屈曲能力随截面面积变化的趋势，结果验证了用遗传算法优化截面尺寸组合的效率和准确性。

　　③找形后树状结构的各个构件只受到轴向力的作用，在压力作用下，构件会出现失

稳。所有构件的最小稳定承载能力确定了整个树状结构的稳定承载能力。对于树状结构，在保证各个构件只受到轴向力的同时，应该对各个构件的长度也进行优化，确保整体结构的稳定极限承载能力最大化。因此，对杆件的稳定承载能力进行优化可以提高整体结构的稳定承载能力，提出了利用双单元数值模型的迭代过程对树状结构进行找形分析的数值分析方法，计算结果表明利用该方法所得到的树状结构形态在给定荷载作用下只受到轴向力的作用，满足要求；在此基础上，利用各个构件在给定荷载作用下的内力对其几何长度进行优化，提出了集找形与优化为一体的高效迭代算法——树状结构强耦合找形优化算法。研究结果表明，各个构件的计算长度系数和截面特性可以在该算法中得到精确的考虑，不但可以保证树状结构的各个分枝在给定荷载作用下只受到轴向力的作用，同时能根据各个分枝的截面特性和内力对其长度进行优化，进而提高整体树状结构的稳定承载能力。分析结果表明，该算法可以高效地应用于空间树状结构的找形分析。

④树状结构的拓扑和找形过程是一个紧密的耦合过程，两个过程会相互影响。在对树状结构拓扑定义和饱和态树状结构的基础上提出了树状结构的拓扑优化算法，提出了树状结构构件效能定义方法以及拓扑优化集成算法的流程。将找形算法、构件选择算法和构件长度优化算法集成于一体，提出了树状结构智能设计算法体系；该算法可以根据每一级的优化目标得到最终的最优树状结构，简化力流传递路径，根据荷载分布自动优化构件的空间分布；为了防止误删高效能构件，本算法设计了构件复活功能，可以激活找形后的高效能构件。本研究成果可为树状结构的智能化设计奠定基础。

本书的研究内容集合了辽宁工程技术大学钢结构课题组众多研究生的科研成果，包括吴谨伽硕士、于铎硕士、唐路孟硕士、郑晨阳硕士、董金凤博士等，在本书的成稿过程中，感谢张宏伟硕士、樊雄涛硕士、杨茜硕士、周松硕士的努力付出，对他们辛勤严谨的工作表示感谢！本书的出版得到了中国博士后科学基金面上项目（2017M621156）和辽宁省教育厅基础研究项目（LJ2020JCL036）的共同资助，在此一并表示感谢。

本书内容受研究时间和编者水平所限，难免有不详和错误之处，肯请读者批评指正。

赵中伟　张霓

于辽宁工程技术大学

2020年10月

目　录

第一章　绪论 ··· 001

  1　本书研究背景 ··· 001

  2　国内外研究的现状与分析 ······························· 003

    2.1　树状结构形态的创建 ······························· 003

    2.2　树状结构现状分析 ·································· 005

  3　本书研究内容 ··· 005

第二章　考虑构件缺陷及节点刚度的数值简化算法 ······· 007

  1　双单元法 ··· 007

    1.1　概述 ··· 007

    1.2　双单元法 ··· 007

  2　考虑节点刚度及构件缺陷的单元模拟方法 ······· 011

    2.1　概述 ··· 011

    2.2　构件的力学模型 ······································· 011

    2.3　包含缺陷的梁和桁架单元 ························ 012

    2.4　考虑节点刚度的缺陷构件 ························ 016

    2.5　浅网壳屈曲分析 ······································· 019

    2.6　小结 ··· 021

  3　基于数值方法的门式脚手架承载能力研究 ······· 021

    3.1　概述 ··· 021

    3.2　数值模型的建立 ······································· 023

    3.3　结果与讨论 ··· 023

    3.4　初始缺陷的影响 ······································· 027

    3.5　小结 ··· 028

  4　半刚性节点弹塑性模拟方法 ···························· 028

    4.1　弹塑性分析单元（EEPA） ······················ 028

    4.2　数值验证 ··· 031

    4.3　浅圆穹顶的屈曲分析 ······························· 033

   4.4　小结 ··· 034

5　随机几何缺陷对单层网壳结构稳定承载能力的影响 ············· 035

   5.1　随机几何初始缺陷的考虑方法 ··································· 035

   5.2　分析结构 ··· 036

   5.3　构件初始缺陷对稳定承载能力的影响 ························· 037

   5.4　节点安装误差对稳定性能的影响 ······························ 040

   5.5　小结 ··· 043

6　随机安装误差影响下稳定系数概率分布 ··························· 043

   6.1　凯威特单层网壳稳定性的研究 ··································· 043

   6.2　小结 ··· 049

第三章　树状结构数值找形方法 ······································· 051

1　概述 ··· 051

2　双单元数值找形法的提出 ·· 052

   2.1　双单元法基本思想 ··· 052

   2.2　双单元法 ··· 052

3　找形分析数值方法的应用 ·· 054

   3.1　数值计算流程 ·· 054

   3.2　数值方法的验证 ·· 055

   3.3　抗弯刚度对收敛性的影响 ·· 057

   3.4　轴向刚度对收敛性的影响 ·· 057

4　不同树状结构找形分析 ·· 057

   4.1　平面树状结构 ·· 057

   4.2　组合树状结构 ·· 060

   4.3　空间树状结构 ·· 061

5　本章小结 ··· 064

第四章　树状结构的拓扑结构的建立 ································· 066

1　概述 ··· 066

2　拓扑结构建立方法 ·· 067

3　基于拓扑结构建立找形分析 ·· 070

   3.1　找形分析流程 ·· 070

3.2　找形分析的验证 ·· 071

4　树状结构的形态优化 ·· 072

5　遗传算法优化截面尺寸 ·· 074

5.1　截面尺寸对分枝结构理想形状的影响 ······················ 074

5.2　构件截面的优化 ·· 075

6　本章小结 ·· 077

第五章　树状结构稳定性分析 ·· 078

1　概述 ·· 078

2　特征值屈曲分析 ·· 078

2.1　特征值屈曲分析原理 ·· 078

2.2　树状结构有限元模型 ·· 079

3　非线性屈曲分析 ·· 086

3.1　非线性屈曲分析原理 ·· 086

3.2　树状结构非线性分析 ·· 087

3.3　不同幅值对比分析 ·· 091

4　本章小结 ·· 094

第六章　欧拉稳定承载力约束下的树状结构找形－优化研究 ········ 095

1　概述 ·· 095

2　双单元法 ·· 096

3　基于双单元法的树状结构找形分析 ······························ 096

3.1　找形迭代算法 ··· 096

3.2　算例 ··· 097

4　基于欧拉临界承载力的优化分析 ································ 097

4.1　构件欧拉临界承载力 ·· 098

4.2　虚拟温度法 ··· 098

4.3　找形优化迭代程序 ·· 099

5　优化结果分析 ·· 099

5.1　平面树状结构 ··· 099

5.2　空间树状结构 ··· 103

6　本章小结 ·· 104

第七章　网壳结构优化的强耦合找形优化算法 ·············· 105

　1　概述 ··· 105

　2　强耦合找形优化算法 ····································· 106

　　2.1　强耦合找形优化算法理论 ······················· 106

　　2.2　强耦合找形优化算法的实现 ····················· 108

　3　找形方法的验证 ·· 108

　4　强耦合找形优化算法的影响因素 ··················· 110

　　4.1　加载条件的影响 ·································· 110

　　4.2　有效长度系数的影响 ······················· 111

　　4.3　截面参数的影响 ······························ 112

　5　本章小结 ·· 113

第八章　考虑杆件失稳约束的网壳形状优化 ·············· 114

　1　概述 ·· 114

　2　双单元 ·· 115

　　2.1　双单元法在网壳结构找形分析的应用 ········· 115

　　2.2　双单元参数的确定 ······························· 116

　　2.3　约束条件的影响 ······························· 117

　3　杆件屈曲约束 ·· 118

　　3.1　杆件长度优化 ·································· 118

　　3.2　竖向节点坐标的优化 ························· 119

　4　找形分析数值方法的实现 ······························ 121

　5　找形分析的应用 ·· 122

　　5.1　球面网壳结构 ································· 122

　　5.2　柱面网壳结构 ································· 125

　6　本章小结 ·· 126

第九章　基于数值逆吊法的树状结构拓扑优化数值算法 ·········· 127

　1　概述 ·· 127

　2　树状结构饱和态 ·· 127

　3　拓扑优化 ·· 128

　　3.1　构件选取原则 ································· 128

3.2 基于饱和树状结构的拓扑优化 ·················· 129

4 算例优化分析 ·················· 131

4.1 初始结构概况 ·················· 131

4.2 优化结果分析 ·················· 132

5 树状结构拓扑影响因素 ·················· 134

5.1 优化目标影响 ·················· 134

5.2 高宽比影响 ·················· 135

6 本章小结 ·················· 136

参考文献 ·················· 137

第一章 绪论

1 本书研究背景

随着时代的进步、社会的发展，人们的生活水平日益提高，人们不再仅仅满足于衣食住行这些基本需求。人们已经从对生活物质的需求转化为对美好事物的追求，越来越将注意力转向自己的生活质量和生活环境，这就导致了人们也越来越关注自己所处的建筑环境，更加注重建筑与周边生态环境的融合性，回归自然，融入自然。同时，随着时间的推移自然界的生物也在慢慢地进化，优胜劣汰的生存法则在自然界中被体现得淋漓尽致。地球的物种经过漫长的进化，在恶劣的条件下生存，抵御来自自然界各个方面的灾害，不但形成了优美的外形，同时自身也具有合理的结构形式。这也就促使人们在模仿自然界设计建筑结构的同时也在学习结构的合理性，对此，结构形态学也就应运而生。

对结构形态的探索已经成为研究当代结构形式的热点话题，放眼世界一些经典的建筑，无一不是应用了结构形态这一概念，它强调的是完善的使用功能、优美的建筑外形、合理的受力结构的协调统一。从建筑的整体上来研究结构的外部形态与结构受力之间的关系，在追求美观的建筑外形的同时也注重合理的受力结构。如今，仿生结构的建筑形态已经得到深入的研究，成果显著，这也就直接地促进了大批形态优美、受力合理的建筑结构被设计建造出来。

大自然的鬼斧神工是不言而喻的，它总能通过最少的材料、最优美的结构形态来达到最合理的受力形式，让不同的生物更好地生存。美观的造型和合理的受力形式也大大促进了人类对于自然中不同生物的模仿研究与创新。人们针对自然中的生物进行模仿和研究促进了仿生学的快速发展，首要的就是生物仿真，其中两个最典型的例子就是利用蝙蝠的声波研究了地面雷达、潜艇声呐，利用蛇的热感应创造出了热感应系统。建筑仿真也是仿真学的一个重要分支，同时也是结构形态学研究的一个非常重要的方向，是未来建筑设计的方向标。

在结构工程中，尤其是空间结构领域，人们往往更加关注结构仿生，并使其得到了充分的利用。比如拱结构的设计灵感来源于脊椎动物身体里的骨架结构，设计师们依据海边的贝壳、蛋壳设计出了薄壳结构和网壳结构，又从蜘蛛网和水的表面张力发现了索膜结构的力学特性，依据自然界的蜂巢发现了筒状架构的建筑整体。事实上，在我们身边存在着我们所知的不少不朽的传世建筑都应用了建筑仿生学的概念，比如澳大利亚的悉尼歌剧院（贝壳）、中国的北京"鸟巢"体育场（鸟巢）、中国武汉新能源研究院大楼（马蹄莲）（图1-1）。

（a）悉尼歌剧院　　　　　　（b）武汉新能源研究院大楼　　　　（c）北京"鸟巢"体育场

图1-1　仿生建筑实例及其自然原型

在这种情况下，象征绿色与希望的树由于其合理的受力形态与优美的结构外形也成了当代建筑工程领域竞相研究与模仿的对象。

随着时代的变迁，大自然中的树也是通过不断进化来适应这个世界，用"物竞天择"四字来形容再好不过了，自然界中的树在飓风、暴雪、地震等恶劣环境下形成了如今的结构。表面看上去凌乱不堪的树枝其实是有规律可循的，细看会发现其中有着粗细之分。首先是从树根中衍生粗大的树干，到达一定高度后又分出较粗的树枝，继续向上生长形成更细一点的枝丫、分叉。这样逐级生长最后形成我们眼中的树木。树就是通过自身这样的结构才可以承担超过自重数倍的风荷载、雪荷载与树叶等压力，因此树木良好的受力性能引起了工程设计人员的广泛关注。

德国斯图加特大学建筑师Frei Otto认为人类是自然的一部分，我们应该建造的是和自然界共生的社会，他在20世纪60年代首先提出树状结构这一结构形态学的概念，这种结构造型新颖，结构受力合理，而且结构简单，由树干和树枝组成，在建筑形态上面与自然界中的树相似，可以不断向上分级，向上向外扩展，截面自下而上也在不断减小，形成一个大的空间结构。在受力性能上，树状结构与自然界中的树传力非常相似，都是从高级分枝将力传递到低级分枝，也就是将力从枝丫处传递到树枝再到树干，这样也就形成了力流，在每级分枝的节点处汇聚，继续向下传递。不管是在二维空间中还是在三维空间中，力流都是从上到下的汇聚，没有迂回环绕，传递到树干和基础，形成最短的传力路径。树状结构经过合理的设计找形后，可以不受弯矩作用，各个分枝只受轴向力作用。同时树状结构不同于传统的单柱结构，采用三维扩展，用多点支撑来代替单点支撑，这样节点的应力分布更加均匀，同时承载力也就更高，支撑范围也就更广，用很少的材料就可以支撑起较大的空间，特别适用于大跨度空间的支撑结构。综合以上几点，树状结构已经成为国内外建筑师研究的热点课题之一。树状结构在很多公共建筑中得到了广泛的应用，特别适用于展览馆、航站楼等大型公共建筑，如德国斯图加特机场（Stuttgart Airport）、法国司法宫（Palais de Justice）、中国长沙南站、新加坡国家美术馆（National Gallery

Singapore）等大跨度空间结构均采用树状结构作为支撑体系（图1-2）。

（a）里斯本东方火车站　（b）哈拉曼高速铁路车站　（c）麦地那机场　（d）斯图加特机场T3候机楼

（e）圣家族大教堂　（f）加拿大BCE宫 Allen Lambert长廊　（g）沃斯堡现代艺术馆　（h）堡尚茨利户外餐厅

图1-2　树状结构工程实例

2　国内外研究的现状与分析

2.1　树状结构形态的创建

目前，树状结构还处于较新的建筑仿真领域，树状结构由于美观的造型以及高效的荷载传递形式而逐渐得到广泛的应用。树状结构可以将大范围的竖向荷载高效地传递到地面一点，从而被广泛地应用于大型建筑结构中，由于其美观的造型，往往成为地标性建筑。由于其良好的力学性能，国内外的学者和专家对树状结构进行了多方面的研究，也取得了一定的具有启发性的结论与成果。对于树状结构国内外的研究主要集中在找形分析、结构优化、施工工艺、受力性能等几个关键性问题上。同时找形的方法有很多，也比较成熟，但是在如何寻找一种简单有效的找形方法上还有一定的空白。积极探索更为简单实用的找形方法对于树状结构的推广应用是大有裨益的。

目前，对于树状结构找形优化的研究主要分三大类：几何找形方法、试验找形方法、数值找形方法（图1-3）。

美国学者Peter von Buelow提出了一种基于遗传算法进行的找形分析，基于一种设计工具IGDT来寻找构件的最小长度，进而确定结构的形态。

Kolodziejczyk通过将丝线模型浸在水中，利用水的表面张力作用实现树状结构找形，提出将丝线模型浸在水中的找形方法，然后利用水的表面张力，推导出拟最小力路径，然后利用干丝线模型对树状结构进行优化设计。

Buelow提出用干丝线模型方法对树状结构进行找形。结果表明利用干丝线模型对简单的树状结构的找形具有较高的精度。

Hunt等提出了一种数值计算程序，他假设将树状结构的全部节点看成是铰接，然后施加竖向滑动的虚拟枝座，通过迭代减小虚拟枝座的反力来进行找形。

Hanafin等依据L-系统（L-system）进行树状结构分枝生成算法以及其在幕墙支撑系统中的应用研究，得到的树状结构具有较高的仿生特性。

日本学者崔京兰、周广春、大崎纯等根据分形几何的迭代函数系统（IFS）提出了一种树状结构的生成算法，通过以最小的结构应变性能为目标函数对树状结构形式进行优化，得到树状结构最优传力路径，各杆件只承受轴向力作用。

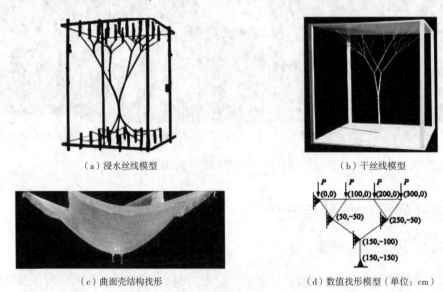

（a）浸水丝线模型 　　　　　　　　　　（b）干丝线模型

（c）曲面壳结构找形 　　　　　　　　　（d）数值找形模型（单位：cm）

图1-3　树状结构几种典型找形方法

国内的学者对于树状结构形态的创建和优化也进行了非常有意义的研究。

天津大学陈志华教授在国内较早地介绍了树状结构这一结构形式。

王小盾、余建星、陈质枫等从结构哲学的考虑出发，在论述自然结构体的形成及原理，比较分析自然结构体和建筑结构体的基础上，提出了树状结构的研究方向。

蔡长赓简介了树状结构在公共建筑中的应用。

龙文志从建筑结构仿生入手，结合国内外工程实例，浅要介绍了树状建筑结构及树状结构屋顶。

哈尔滨工业大学的武岳教授对树状结构的找形和计算长度系数等问题进行了一系列深入的研究，提出了一种树状结构的找形新方法——逆吊递推找形法，逆吊递推找形法生成的树状结构的所有构件均只受轴向力作用，完全满足找形的要求。

张倩、陈志华等人模拟索单元的张拉特性，建立了索滑移准则方程，以达到减小分枝结构弯矩的目的，将连续的折线索单元应用到树状结构的找形中，经内力分析比较，可以发现该方法能有效减小单元弯矩。

崔昌禹教授等根据结构应变能对各杆件节点位置的敏感程度来实现树状结构形态创

构，该方法能有效减小结构弯矩，实现结构刚度最大化。

彭细荣基于连续体结构拓扑优化的方法来确定树状结构形式，数值算例表明采用拓扑优化方法进行树状结构找形是可行的，能为树状结构的概念性设计提供多样的拓扑结构。

赵中伟介绍了双单元法，并提出了一种迭代程序用于树状结构找形，通过对3种不同树状结构进行找形分析，发现该方法能有效进行树状结构分析，使结构各杆件只承受轴向应力，适于工程应用。

2.2　树状结构现状分析

从国内外的学者对树状结构的研究现状来看，可以发现对树状结构的研究主要是在树状结构形态的创建和优化、结构的受力性能以及结构稳定性等方面。在树状结构形态创建方面的研究已经较为深入，其中包括几何、实验和数值等方法。

目前有关树状结构找形的方法有很多，也比较成熟。大多数需要繁重的编程过程，很难被广大的工程技术人员所掌握。但是对一种简化便捷的找形方法，不管是在国外还是在国内都只是简单的介绍，并没有深入研究。因此，积极探索更为简单实用的找形方法对于树状结构的推广是大有裨益的。另外，目前已有的找形方法没有对各个分枝的几何长度进行优化。众所周知，找形后的树状结构各个构件只受到轴向力的作用，在压力作用下，构件会出现失稳。所有构件的最小稳定承载能力决定了整个树状结构的稳定承载力。因此，对杆件的稳定承载力进行优化可以提高整体结构的稳定承载力，而目前有关该研究的成果很少。树状结构的找形分析与结构稳定的关系也需要去探讨，如何确定出树状结构最优的结构形态，使结构在满足受力合理的同时，大大减少计算的时间，节约计算成本仍然需要我们去探讨。所以对树状结构的找形优化进行一系列系统性研究是很有必要的，以指导其在实际工程中的应用。

在树状结构设计中遇到的一个主要问题是在现有的通用有限元程序ANSYS中建立拓扑结构，这个问题在现有文献中很少被提及，因为它不影响小尺度树状结构的设计。然而，这个问题应该在超过5个级别的树状结构的设计中被解决。

总结国内外对树状结构的研究现状可见，虽然国内外学者对于树状结构进行了大量的研究，做了大量的工作，但对于这种新兴的空间结构还有许多未知的问题等待我们更加深入地探讨。

3　本书研究内容

本书主要通过数值逆吊法模拟分析的方式，对树状结构的最佳优化方法与稳定性进行研究，主要研究工作有以下几点：

（1）一种新型树状结构找形优化的数值方法

提出一种树状结构找形优化设计方法，首先提出了利用双单元数值模型的迭代过程对树状结构进行找形分析的数值分析方法。在此基础上，利用各个构件在给定荷载作用下的内力对其几何长度进行优化，提出了集找形与优化于一体的高效迭代算法，然后通过现有研究结果验证了这种方法的准确性和可靠性。将该方法应用于3种不同类型树状结构的找形分析，所提出的方法可以用于任何有限元软件进行模拟分析。基于逆吊递推方法的基本思想，在上方施加指定的载荷，然后进行静力分析，可以得出节点位移。

（2）树状结构的拓扑结构的建立

对于树状结构的设计，在现有的通用有限元软件的基础上建立拓扑结构，树状结构的分枝可根据它们相对于主干的位置进行分类，从主干分生的分枝被定义为第一级分枝，并且属于第一级分枝的组件的分枝被分类为第二级分枝。属于第i级分枝的组件的分枝被归类为第（i+1）级分枝。

在前人建立的三级、四级树状结构的基础上建立五级的树状结构，考虑小尺度树状结构的分枝部件设计，在实际工程中采用树状结构时，首先要考虑树状结构各级分枝的合理配置，使它们仅受到拉力或压力，分枝结构的横截面积可以减小以保持屈曲能力。本书利用遗传算法优化拓扑建立后的树状结构分枝的截面积。优化过程的主要目标是通过优化截面积的组合来使整体结构的屈曲能力最大化。

（3）树状结构的拓扑优化

本书第三章是在此前提到的双单元找形方法，建立拓扑结构的基础上，对树状结构各分枝的几何长度进行了优化，对于树状结构，在保证各个构件只受到轴向力的同时，应该对各个构件的长度也进行优化，确保整体结构的稳定极限承载力最大化，提出了树状结构强耦合找形-优化算法。研究结果表明，各个构件的计算长度系数和截面特性可以在该算法中得到精确的考虑，完全适用于空间树状结构的找形优化分析。

（4）树状结构屈曲性能分析

树状结构除了会向下传递荷载外，还会遭受到水平力的作用，而且树状结构自身受力比较均匀，当结构遭受的荷载或者外力到达一定值时，继续施加荷载，结构的平衡状态就会发生非常大的改变，这时所出现的现象就称之为结构失稳，所以，不论是整体结构还是单一的构件都需要考虑结构的稳定性问题，结构的稳定性是对于树状结构整体受力性能的至关重要的因素。基于对树状结构的找形和优化进行了研究，但还未分析树状结构的失稳特征和稳定承载力。文章中针对树状结构的整体稳定性进行了系统的研究与阐述，其中主要分为两部分：分别对树状结构找形前和找形后进行特征值屈曲分析和非线性屈曲分析，借此来验证找形对于树状结构稳定性的影响。

（5）强耦合找形优化算法

树状结构的拓扑和找形过程是一个紧密的耦合过程，两个过程会相互影响。因此，在对树状结构拓扑定义和饱和态树状结构的基础上提出了树状结构的拓扑优化算法，提出了树状结构构件效能定义方法以及拓扑优化集成算法的流程。将找形算法、构件选择算法和构件长度优化算法集成于一体，提出了树状结构智能设计算法体系。

第二章　考虑构件缺陷及节点刚度的数值简化算法

1　双单元法

1.1　概述

空间网格结构通常由数千个构件通过节点连接而成。研究表明，节点刚度是影响空间网格结构力学性能的一个重要因素。同时很多学者对节点刚度的影响进行了有限元和试验研究。在实际的设计过程中，节点通常被假设为刚性连接或者铰接连接。由于很少有节点是完全的刚性连接或者是完全的铰接连接，因此这一假定往往会导致计算结果严重偏离实际情况。具有半刚性连接节点的网壳结构往往能提供更精确的结果，因此，提出一种简单有效的半刚性节点模拟方法是非常必要的。

分析节点的力学性能是分析具有半刚性节点的整体结构力学性能的第一步。已经有很多学者对空间结构节点的力学性能进行了研究。Aitziber、Loureiroa、Fan、Kato等学者证实，节点刚度是影响单层网壳结构力学性能的重要因素。范峰通过试验研究和数值模拟方法系统地研究了节点刚度对网壳结构稳定性的影响。

尽管已经有很多关于节点半刚性的研究，但是这些研究基本上都是关于节点本身及简单的结构体系，例如门式钢架。对于空间网格结构来说，一个完整的结构通常由数千个构件组成，构件各自的轴线、长度以及横截面积等有很大区别。要在空间网格结构中考虑节点刚度需要花费很大的精力在构建有限元模型上。在实际工程当中，很少用到这样的有限元模型，因为目前的建模技术不易被工程人员所掌握，同时相关的研究也很有限。目前尚缺乏一种能方便且高效地在空间网格结构中考虑节点半刚性的建模技术。

基于目前的研究现状，本文提出了双单元法。通过该方法，可以基于通用有限元软件非常高效方便地在空间网格结构中考虑节点的半刚性。首先利用双构件结构验证了本文所提方法的精确性，然后将该方法用于研究节点半刚性对网壳稳定性影响的研究中。研究结果表明，双单元法可以非常高效地用于实际工程的设计过程中。

1.2　双单元法

近年来，有关节点刚度及节点刚度对整体结构力学性能影响的研究引起了众多学者及工程师的注意，同时也取得了很多具有应用价值的结果。但是直至目前，还没有能在通用有限元软件中考虑节点半刚性的简单有效的方法。为克服目前的局限，本文提出了简化的考虑节点半刚性的有限元建模方法。

该方法假定结构的每个构件由两个单元组成：只有抗弯刚度和抗扭刚度的梁单元和只有轴向刚度的梁单元（等价于杆单元）。

等截面梁在弯矩M作用下的转角，如图2-2所示，可以通过式（2-1）计算得到，然后梁单元的抗弯刚度可通过式（2-2）得到。

研究表明，节点刚度对网壳的力学行为有至关重要的影响，尤其是对于网壳结构的稳定性。在传统的有限元模型中，节点通常被假定为刚接或者铰接。事实上，几乎所有的节点都表现出半刚性的力学特性。对于该类结构，半刚性节点可通过弹簧单元替代，如图2-1（a）所示。梁-弹簧单元在弯矩M作用下的转角可通过式（2-3）得到。梁单元的抗弯刚度可通过式（2-4）得到，该式表明，如果弹簧刚度足够大，则式（2-4）与式（2-2）等效。

Lo'pez提出采用位于钢管和球节点之间的弹塑性柱体来模拟螺栓的作用，由于网格结构会包含很多个构件，因此若采用该方法建立有限元模型，既浪费时间又浪费精力。基于此，本文提出了考虑节点刚度的双单元法，如图2-1（b）所示。该方法假定结构的每个构件由两个单元组成：只有抗弯刚度和抗扭刚度的梁单元和只有轴向刚度的梁单元。

（a）梁-弹簧单元　　　　　　　　　　　　　　（b）双单元

图2-1　考虑节点刚度的数值模型

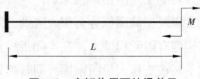

图2-2　弯矩作用下的梁单元

$$\theta = \int_l \frac{M}{EI}\mathrm{d}l = \frac{Ml}{EI} \tag{2-1}$$

$$\frac{M}{\theta} = \frac{EI}{l} \tag{2-2}$$

$$\theta = \int_l \frac{M}{EI}\mathrm{d}l + 2 \times \frac{M}{K} = M\left(\frac{l}{EI} + \frac{2}{k}\right) \tag{2-3}$$

$$\frac{M}{\theta} = \frac{1}{\frac{l}{EI} + \frac{2}{k}} = \frac{EI}{l} \times \frac{k}{k + \frac{2EI}{l}} \tag{2-4}$$

式中θ是梁单元在弯矩作用下的转角；I是构件截面惯性矩；E=206GPa是材料弹性模量；k是弹簧单元的抗弯刚度。

假定α为整个梁节点体系的整体刚度系数，β是只考虑节点刚度的刚度系数，如式（2-5）和式（2-6）所示。由式（2-5）和式（2-6）可得到α和β之间的关系，如式（2-7）所示。为形象地表示α和β之间的对应关系，将α和β之间的关系以曲线表示，如图2-3所示。从图中可以看出，随着节点刚度系数β的增大，整体的刚度系数趋近于1。

$$\alpha = \frac{k}{k + \dfrac{2EI}{l}} \tag{2-5}$$

$$\beta = \frac{k}{\dfrac{EI}{l}} \tag{2-6}$$

$$\alpha = \frac{\beta}{\beta + 2} \tag{2-7}$$

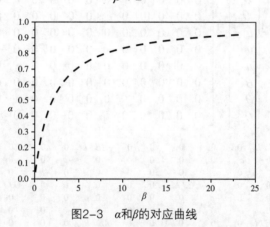

图2-3 α和β的对应曲线

采用通用有限元软件进行计算获得结构的荷载位移曲线。首先采用普通梁单元（BEAM4）建立双构件结构的有限元模型。BEAM4单元是具有轴向拉压、受弯、受扭能力的两节点线性单元。该单元每个节点具有6个自由度：沿x、y和z方向的平移自由度和绕x、y和z轴的扭转自由度。BEAM4单元在荷载作用下的平衡方程以及单元刚度矩阵如式（2-8）所示。

$$
F = \begin{bmatrix} F_x \\ F_y \\ F_z \\ M_x \\ M_y \\ M_z \\ F'_x \\ F'_y \\ F'_z \\ M'_x \\ M'_y \\ M'_z \end{bmatrix} = [K_e] \begin{bmatrix} u_x \\ u_y \\ u_z \\ \theta_x \\ \theta_y \\ \theta_z \\ u'_x \\ u'_y \\ u'_z \\ \theta'_x \\ \theta'_y \\ \theta'_z \end{bmatrix} =
\begin{bmatrix}
AE/L & 0 & 0 & 0 & 0 & 0 & -AE/L & 0 & 0 & 0 & 0 & 0 \\
0 & a_z & 0 & 0 & 0 & c_z & 0 & -a_z & 0 & 0 & 0 & c_z \\
0 & 0 & a_y & 0 & -c_y & 0 & 0 & 0 & -a_y & 0 & -c_y & 0 \\
0 & 0 & 0 & GJ/L & 0 & 0 & 0 & 0 & 0 & -GJ/L & 0 & 0 \\
0 & 0 & -c_y & 0 & e_y & 0 & 0 & 0 & c_y & 0 & f_y & 0 \\
0 & c_z & 0 & 0 & 0 & e_z & 0 & -c_z & 0 & 0 & 0 & f_z \\
-AE/L & 0 & 0 & 0 & 0 & 0 & AE/L & 0 & 0 & 0 & 0 & 0 \\
0 & -a_z & 0 & 0 & 0 & -c_z & 0 & a_z & 0 & 0 & 0 & -c_z \\
0 & 0 & -a_y & 0 & c_y & 0 & 0 & 0 & a_y & 0 & c_y & 0 \\
0 & 0 & 0 & -GJ/L & 0 & 0 & 0 & 0 & 0 & GJ/L & 0 & 0 \\
0 & 0 & -c_y & 0 & f_y & 0 & 0 & 0 & c_y & 0 & e_y & 0 \\
0 & c_z & 0 & 0 & 0 & f_z & 0 & -c_z & 0 & 0 & 0 & e_z
\end{bmatrix}
\begin{bmatrix} u_x \\ u_y \\ u_z \\ \theta_x \\ \theta_y \\ \theta_z \\ u'_x \\ u'_y \\ u'_z \\ \theta'_x \\ \theta'_y \\ \theta'_z \end{bmatrix} \tag{2-8}
$$

式中A、E、L、G和J分别是构件横截面面积、弹性模量、构件长度、剪切模量和截面扭转惯性矩。

$$a_{y(z)} = \frac{12EI_{y(z)}}{L^3(1+\phi_{z(y)})} \ , \quad c_{y(z)} = \frac{6EI_{y(z)}}{L^2(1+\phi_{z(y)})} \ , \quad e_{y(z)} = \frac{(4+\phi_{z(y)})EI_{y(z)}}{L(1+\phi_{z(y)})} \ , \quad \phi_{z(y)} = \frac{12EI_{y(z)}}{GA^s_{y(z)}L^2}$$

I_i是绕i轴的惯性矩，$A^s_{y(z)}$是垂直于y（z）的剪切面积。

对于双单元中只有抗弯刚度的梁单元，采用实常数只赋予梁的抗弯刚度。该单元的刚度矩阵及在荷载作用下的平衡方程如式（2-9）所示。对于只有轴向刚度的梁单元，仍可采用BEAM4模拟，但抗弯刚度被赋予一个非常小的值，以至于该单元的抗弯刚度可以被忽略，此时该单元可以被认为是杆单元。该单元的刚度矩阵及在荷载作用下的平衡方程如式（2-10）所示。

$$F = \begin{bmatrix} F_x \\ F_y \\ F_z \\ M_x \\ M_y \\ M_z \\ F'_x \\ F'_y \\ F'_z \\ M'_x \\ M'_y \\ M'_z \end{bmatrix} = [K_{\mathrm{BEAM}}] \begin{bmatrix} u_x \\ u_y \\ u_z \\ \theta_x \\ \theta_y \\ \theta_z \\ u'_x \\ u'_y \\ u'_z \\ \theta'_x \\ \theta'_y \\ \theta'_z \end{bmatrix} = \begin{bmatrix} 0 & 0 & 0 & 0 & 0 & 0 & 0 & 0 & 0 & 0 & 0 & 0 \\ 0 & 0 & 0 & 0 & 0 & c_z & 0 & 0 & 0 & 0 & 0 & c_z \\ 0 & 0 & 0 & 0 & -c_y & 0 & 0 & 0 & 0 & 0 & -c_y & 0 \\ 0 & 0 & 0 & 0 & 0 & 0 & 0 & 0 & 0 & 0 & 0 & 0 \\ 0 & 0 & 0 & 0 & e_y & 0 & 0 & 0 & 0 & 0 & f_y & 0 \\ 0 & 0 & 0 & 0 & 0 & e_z & 0 & 0 & 0 & 0 & 0 & f_z \\ 0 & 0 & 0 & 0 & 0 & 0 & 0 & 0 & 0 & 0 & 0 & 0 \\ 0 & 0 & 0 & 0 & 0 & -c_z & 0 & 0 & 0 & 0 & 0 & -c_z \\ 0 & 0 & 0 & 0 & 0 & 0 & 0 & 0 & 0 & 0 & c_y & 0 \\ 0 & 0 & 0 & 0 & 0 & 0 & 0 & 0 & 0 & 0 & 0 & 0 \\ 0 & 0 & 0 & 0 & f_y & 0 & 0 & 0 & 0 & 0 & e_y & 0 \\ 0 & 0 & 0 & 0 & 0 & f_z & 0 & 0 & 0 & 0 & 0 & e_z \end{bmatrix} \begin{bmatrix} u_x \\ u_y \\ u_z \\ \theta_x \\ \theta_y \\ \theta_z \\ u'_x \\ u'_y \\ u'_z \\ \theta'_x \\ \theta'_y \\ \theta'_z \end{bmatrix} \quad (2\text{-}9)$$

$$F = \begin{bmatrix} F_x \\ F_y \\ F_z \\ M_x \\ M_y \\ M_z \\ F'_x \\ F'_y \\ F'_z \\ M'_x \\ M'_y \\ M'_z \end{bmatrix} = [K_e] \begin{bmatrix} u_x \\ u_y \\ u_z \\ \theta_x \\ \theta_y \\ \theta_z \\ u'_x \\ u'_y \\ u'_z \\ \theta'_x \\ \theta'_y \\ \theta'_z \end{bmatrix} = \begin{bmatrix} AE/L & 0 & 0 & 0 & 0 & 0 & -AE/L & 0 & 0 & 0 & 0 & 0 \\ 0 & a_z & 0 & 0 & 0 & 0 & 0 & -a_z & 0 & 0 & 0 & 0 \\ 0 & 0 & a_y & 0 & 0 & 0 & 0 & 0 & -a_y & 0 & 0 & 0 \\ 0 & 0 & 0 & GJ/L & 0 & 0 & 0 & 0 & 0 & -GJ/L & 0 & 0 \\ 0 & 0 & 0 & 0 & -c_y & 0 & 0 & 0 & 0 & 0 & 0 & 0 \\ 0 & c_z & 0 & 0 & 0 & 0 & 0 & -c_z & 0 & 0 & 0 & 0 \\ -AE/L & 0 & 0 & 0 & 0 & 0 & AE/L & 0 & 0 & 0 & 0 & 0 \\ 0 & -a_z & 0 & 0 & 0 & 0 & 0 & a_z & 0 & 0 & 0 & 0 \\ 0 & 0 & -a_y & 0 & 0 & 0 & 0 & 0 & a_y & 0 & 0 & 0 \\ 0 & 0 & 0 & -GJ/L & 0 & 0 & 0 & 0 & 0 & GJ/L & 0 & 0 \\ 0 & 0 & -c_y & 0 & 0 & 0 & 0 & 0 & c_y & 0 & 0 & 0 \\ 0 & c_z & 0 & 0 & 0 & 0 & 0 & -c_z & 0 & 0 & 0 & 0 \end{bmatrix} \begin{bmatrix} u_x \\ u_y \\ u_z \\ \theta_x \\ \theta_y \\ \theta_z \\ u'_x \\ u'_y \\ u'_z \\ \theta'_x \\ \theta'_y \\ \theta'_z \end{bmatrix} \quad (2\text{-}10)$$

由于双单元中的两个单元共节点，因此两个单元在荷载作用下的位移矢量彼此相等。所以式（2-8）等于式（2-9）加上式（2-10）。由于双单元中的梁单元只包含抗弯刚度，因此可以很方便地调节刚度系数以考虑节点的半刚性。

为了验证本文所提出的双单元的有效性，通过双构件结构进行验证（图2-4）。将构件的截面面积和惯性矩通过实常数输入，构件截面面积为$A=0.0048\text{m}^2$，截面惯性矩为$I=6.28\times10^{-6}\text{m}^4$，将具有抗弯刚度梁单元的面积赋予一个很小以至于忽略的值。

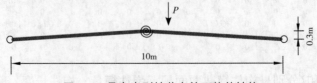

图2-4 具有半刚性节点的双构件结构

图2-5所示为通过普通梁单元和双单元得到的荷载位移曲线。从图中可以看出，两种单元所得结果完全吻合，证实了双单元的有效性。图2-6所示为具有不同抗弯刚度系数的双构件结构的荷载位移曲线。从图中可以看出，双构件结构的节点刚度对极值荷载有很大影响。计算结果同时也表明，通过梁单元的抗弯刚度系数α考虑节点半刚性是可行的。

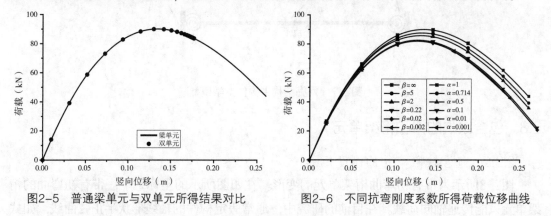

图2-5　普通梁单元与双单元所得结果对比　　图2-6　不同抗弯刚度系数所得荷载位移曲线

2　考虑节点刚度及构件缺陷的单元模拟方法

2.1　概述

在单层网壳结构的设计分析中，往往假定节点为刚接或铰接连接。然而，空间结构的大多数节点都是半刚性连接。具有半刚性节点的结构的力学行为表现出高度的非线性同时受到很多因素的影响，例如节点的刚度和构件的初始缺陷。本文上节对节点刚度的影响进行了详细研究。

在大多数研究中，通常将构件假定为理想笔直的构件。然而，实际中构件的初始缺陷对结构的力学行为往往是不利的，同时也是不可避免的。李国强通过综合考虑剪切变形和构件缺陷，提出了用于精确分析平面刚架的梁单元刚度矩阵。Adman和Afra通过研究得到了在任何边界条件下，能够考虑构件缺陷的单元形函数。Liu和Chan提出将考虑构件初始缺陷的稳定函数代替三次Hermite单元用来对玻璃支撑结构和预应力桁架结构进行二阶分析。

应该注意的是，上述能够考虑构件缺陷的方法非常复杂或者需要特殊的软件进行分析。这几乎不可能被设计者所掌握而用于实际结构的设计中。本文基于已有研究背景，提出了能够考虑节点刚度和构件初始缺陷的单元模型。最重要的是，该单元模型可以在通用有限元软件中建立，可以很方便地建立有限元模型且易被广大工程师所掌握。

2.2　构件的力学模型

空间网壳结构通常由数千个构件组成。在设计阶段，通常将单层网壳的节点假设为刚接或铰接。但是已有研究表明，大多数情况下的节点都是半刚性节点。且研究表明，节点刚度对网壳结构的力学性能有很大影响。

当考虑构件节点时，在力学意义上可以将节点用扭转弹簧和抗弯弹簧代替，如图2-7所示。节点域表示节点的核心，由于很大的刚度，其变形可以忽略。k表示节点刚度，在通用有限元软件中，通常将节点间的构件用梁单元模拟。

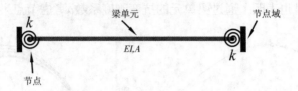

图2-7　网壳结构中构件力学模型

2.3　包含缺陷的梁和桁架单元

2.3.1　包含缺陷单元的刚度矩阵

图2-8所示为带有初弯曲桁架单元的变形。在如图所示的坐标系下，带有初弯曲的桁架单元只能传递轴向荷载。在目前的研究中，通常假定构件的轴线形状半正弦曲线，如式（2-11）所示：

$$v_0 = v_{m0} \sin\frac{\pi x}{L}, 0 \leqslant x \leqslant l \tag{2-11}$$

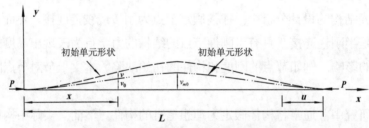

图2-8　带有初弯曲桁架单元的变形

式中v_0是沿构件轴向x坐标位置处的初弯曲值，v_{m0}是构件跨中位置处的初始弯曲的幅值，L是含缺陷桁架单元的原始长度。假设在轴向力P作用下，构件的侧向变形为v，则可得到带有初弯曲的桁架单元的平衡偏微分方程，当轴向力为压力时，平衡方程如式（2-12）所示。

$$v'' + \alpha^2 v + \alpha^2 v_0 = 0 \quad (\alpha^2 = \frac{P}{EI}) \tag{2-12}$$

式中E为构件材料弹性模量，I是构件横截面的惯性矩。式（2-12）的边界条件可如式（2-13）所示。

$$v\big|_{x=0} = 0, v\big|_{x=l} = 0 \tag{2-13}$$

则式（2-12）的解可以如式（2-14）所示。

$$v = \frac{\alpha^2 v_{m0}}{(\frac{\pi}{L})^2 - \alpha^2} \sin(\frac{\pi x}{L}) \tag{2-14}$$

由轴向荷载和二阶效应引起的构件轴向变形，ΔL，可以通过式（2-15）计算得到。

$$\Delta L = \frac{1}{2}\int_0^l \left[(\frac{dv}{dx})^2 + (\frac{dv_0}{dx})^2 \right]dx = \frac{v_{m0}^2\pi^2(2\alpha^4L^4 + \pi^4 - 2\pi^2\alpha^2L^2)}{4L(\alpha^2L^2 - \pi^2)^2} \tag{2-15}$$

则轴向力和轴向变形之间的平衡方程可如式（2-16）所示。

$$P = EA(\frac{u}{L} - \frac{\Delta L}{L}) \tag{2-16}$$

式中u是图2-8所示的名义轴向变形，A是构件的横截面面积。

当桁架单元处于受拉状态时，可得到类似的推导过程。在该情况下，式（2-15）和（2-16）可以被改写为式（2-17）和（2-18）。

$$\Delta L = \frac{1}{2}\int_0^l \left[(\frac{dv_0}{dx})^2 - (\frac{dv}{dx})^2 \right]dx = \frac{v_{m0}^2\pi^4(\pi^2 + 2\alpha^2L^2)}{4L(\alpha^2L^2 + \pi^2)^2} \tag{2-17}$$

$$P = EA(\frac{u}{L} - \frac{\Delta L}{L}) \tag{2-18}$$

图2-9所示为长5m的桁架单元在不同的初弯曲幅值下的轴向刚度变化曲线。从图中可以看出，构件的初始缺陷会严重影响构件的刚度。这也将会严重影响网壳结构的稳定承载能力，因此应该在结构设计阶段充分考虑构件的初始缺陷。对于梁单元刚度矩阵的推导过程可在相关文献中查到。

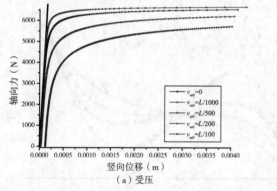
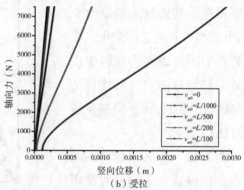

图2-9 带初弯曲桁架单元荷载位移曲线

2.3.2 含有缺陷单元的数值建模方法

本节采用通用有限元软件ANSYS建立缺陷构件的有限元模型。在传统的分析计算中，通常建立直线然后对直线进行网格划分以模拟网壳结构中的构件。在这种情况下，不能考虑构件的初始弯曲缺陷。在该研究中，将采用以"BSPLIN"命令建立的曲线代替原来的直线来考虑构件的初弯曲。在构件的跨中位置设定初弯曲的幅值。在多数研究中，通常假定构件的初弯曲为半正弦曲线形状。这种线型可通过设置除了跨中位置以外的点的初始缺陷值，然后通过这些点建立B-样条曲线来逐渐逼近，如图2-10所示。为了方便设定初始缺陷的值，在每个构件位置建立局部坐标系，局部坐标系的x轴方向为构件的轴线方向，局部坐标系的y轴方向为竖直向上。构件轴线上任意一点的初始缺陷值可通过ANSYS中内置的正弦函数获得。通过循环语句，可以对结构的每个构件施加初始缺陷。整个过程操作起来简便快捷且易被工程人员掌握。

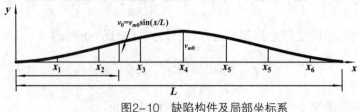

图2-10　缺陷构件及局部坐标系

2.3.3　数值验证

2.3.3.1　双构件结构

为了验证本文所提出的构件缺陷单元的数值建模方法的有效性，本节对双构件结构进行了分析计算。具有不同矢高的双构件结构是一种非常流行的算例结构。如图2-11所示，本文对矢高为0.025m，跨度为1m的双构件结构进行了分析，假定构件的初始缺陷幅值介于0~2%的构件长度之间变化。在本算例中，只设置构件跨中位置处的初始弯曲值。将计算结果与Chan 和Zhou所得结果进行对比。

图2-12所示为将构件的初弯曲幅值设置为不同值时所得到的荷载位移曲线，并与已有研究的对比结果。从图中可以

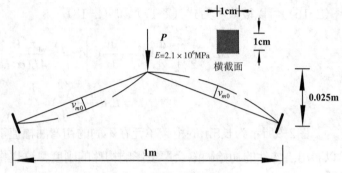

图2-11　双构件结构示意图

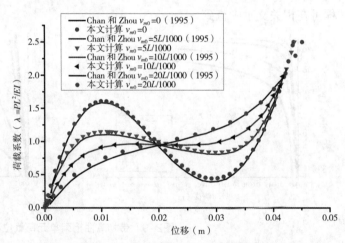

图2-12　双构件结构的荷载位移曲线

看出，构件的初弯曲幅值严重影响双构件结构的稳定极限荷载。这是由于初弯曲导致的P-δ效应。通过比较可知，本文所得结果与Chan和Zhou所得结果完全吻合。本文所提出的构建缺陷构件的方法的精确性与可靠性得到了验证，同时也证明，仅在构件跨中位置指定初始缺陷值就可以保证计算精度。

由前述方法可知，缺陷构件通过在有限元软件中建立曲线几何模型来代替，然后对曲线进行网格划分。若以较少的单元对曲线进行划分，则会出现折线代替曲线的情况，会给计算结果带来误差。为了能较好地反映构件的弯曲线型，应将构件划分足够的单元。本节对构件应划分的最少单元数以保证计算结果精度进行了研究。将双构件结构的构件以不同的单元数进行划分，并将结果进行对比，如图2-13所示。由计算结果可知，当将构件划分

为两个单元时，计算结果会严重偏离，在该情况下，构件会成为折线梁。当构件划分单元的数量超过10的时候，计算结果将不会再随着单元数量的增加而增加。由此可得出结论，当构件划分的单元数量超过10时，即可以保证计算精度。

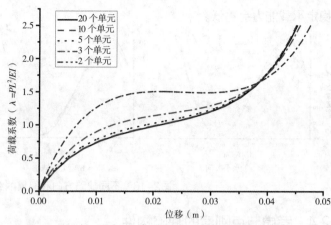

图2-13 划分不同单元数所得结果对比

2.3.3.2 铰接星形穹顶

本节采用上述建立缺陷构件的方法建立了星形穹顶的有限元模型，并进行了非线性稳定性分析。星形穹顶的构件都是铰接连接。本文首先采用BEAM188单元进行网格划分，建立有限元模型，然后通过"ENDRELEASE"命令将刚接节点转变为铰接节点。星形穹顶的几何示意图和构件的截面特性如图2-14所示。

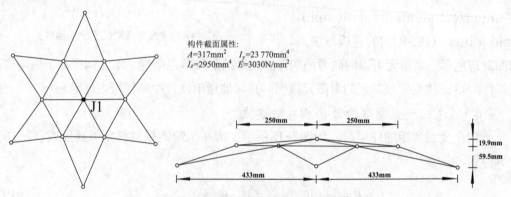

图2-14 星形穹顶的几何示意图和构件的截面特性

图2-15所示为包含构件缺陷的结构有限元模型。为对比研究，分别将构件的缺陷在水平方向、竖直方向和同时两个方向均施加3种情况。每个构件被划分为10个单元。从操作过程可以看出，本文所提方法可以简单有效地施加构件的缺陷。

图2-16所示为计算得到的荷载位移曲线。从图中可以看出，不同方向的构件初弯曲会不同程度地降低结构的稳定承载能力。通过对比图2-16（a）和（b）可以看出，对本结构来说，水平面内的构件初弯曲对结构稳定承载能力的影响要大于竖直面内的构件初弯曲。当构件的初弯曲幅值设定为20L/1000时，结构的稳定承载力降为原来的67%。从图2-16（c）可以看出，两个方向均存在初弯曲的结构，

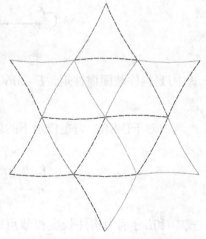

图2-15 缺陷结构有限元模型

稳定承载能力会更低。

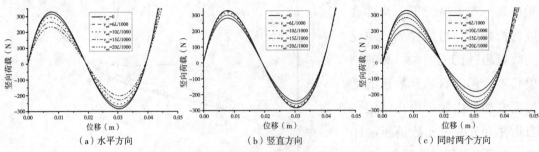

（a）水平方向　　　　　　　（b）竖直方向　　　　　　（c）同时两个方向

图2-16　不同缺陷方向和幅值的结果对比

2.4　考虑节点刚度的缺陷构件

为了同时考虑构件的节点刚度和初始缺陷，本节将双单元法与上节所提出的建立缺陷构件的方法联合起来，提出了建立考虑节点刚度缺陷构件[imperfect elements with semi-rigid joints （IESR）]的建模方法，

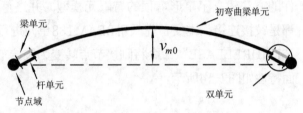

图2-17　考虑节点刚度的缺陷构件

如图2-17所示。该单元可以同时考虑构件的初始缺陷和节点刚度。本文同样基于通用有限元软件ANSYS建立了该单元的有限元模型，在其他通用软件中同样可以使用。

2.4.1　考虑节点刚度的缺陷构件的建立

当构件受到弯矩的作用时，如图2-18所示，构件两端的相对转角可通过式（2-19）计算得到。

$$\theta = \int_l \frac{M}{EI} \mathrm{d}l + 2 \times \frac{M}{k} = M\left(\frac{l}{EI} + \frac{2}{k}\right) \tag{2-19}$$

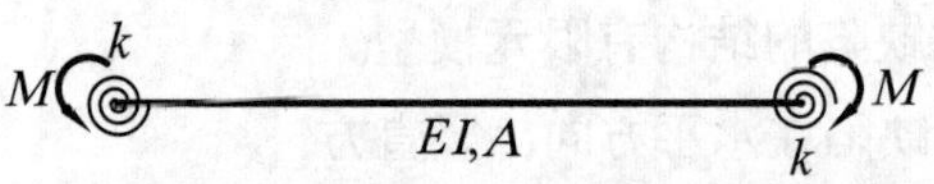

图2-18　弯矩作用下的构件示意

式中I是构件截面惯性矩；$E=206\mathrm{GPa}$是材料弹性模量；k是代表节点的弹簧单元的抗弯刚度。

对于IESR，弯矩作用下的转角可通过式（2-20）得到。

$$\theta = \int_{l-2l_1} \frac{M}{EI} \mathrm{d}l + 2 \times \int_{l_1} \frac{M}{EI_1} \mathrm{d}l = M\left(\frac{l-2l_1}{EI} + \frac{2l_1}{EI_1}\right) \tag{2-20}$$

式中l和l_1分别为构件长度和节点域和双单元长度之和。节点域长度应该根据实际工程确定，为了计算简便，本文将其忽略。式中其他符号与式（2-19）相同。

则节点等效抗弯刚度可表示为式（2-21）所示。

$$k = \frac{EI_1 I}{l_1(I - I_1)} \quad 或 \quad I_1 = \frac{kIl_1}{EI + kl_1} \tag{2-21}$$

假定 $k = \alpha \dfrac{EI}{l}$，$l_1 = \beta l$，则式（2-21）可表示为式（2-22）所示。

$$I_1 = \gamma I \tag{2-22}$$

$$\gamma = \frac{\alpha\beta}{1 + \alpha\beta} \tag{2-23}$$

当 $l_1 = l$，也就是 $\gamma = 1$ 时，网壳结构可以认为是完全刚接的。当 α 趋于无穷大的时候，这种情况是成立的。对于大多数工程，构件都是半刚性连接的。当 γ 的值大于1时，就会形成刚性域，整体结构的刚度将会增加。这将与实际情况不符，得到的结果也是偏于不安全的。

首先建立网壳结构的几何模型，然后进行网格划分生成有限元模型。然后选择与节点连接的单元，并将选中的单元在原位置复制。改变新生成单元的单元类型和实常数，这时双单元即可生成。可以根据实际工程，方便地改变节点的抗弯刚度。

如果将构件划分为20个梁单元，这将意味着双单元的长度为0.05倍的构件长度，也即是说 $\beta = 0.05$。刚度系数 α 应根据实际工程确定，β 应根据双单元的长度决定。图2-19所示为不同 α 和 β 取值组合下的 γ 云图。

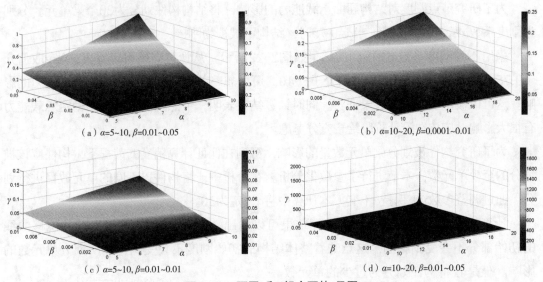

（a）$\alpha=5\sim10$，$\beta=0.01\sim0.05$ （b）$\alpha=10\sim20$，$\beta=0.0001\sim0.01$

（c）$\alpha=5\sim10$，$\beta=0.01\sim0.01$ （d）$\alpha=10\sim20$，$\beta=0.01\sim0.05$

图2-19 不同 α 和 β 组合下的 γ 云图

2.4.2 IESR单元的可靠性证明

范峰基于研究提出了网壳结构节点的新的分类体系。研究结果表明，当节点刚度大于5倍的构件线刚度时，节点可以被视为刚性节点。为了验证IESR单元的精度和可靠性，对星形穹顶结构进行了分析。结构构件被划分为10个梁单元，即 $\beta = 0.1$。同时将 γ 的值设定为1，使 $l_1 = l$，在这种情况下，网壳可以被完全视为刚性连接。然后对结构施加了不同幅值的初始弯曲缺陷，分别为0、0.003L、0.006L 和 0.02L，L 是构件长度。具有水平面内初始弯曲缺陷的结构如图2-20所示。

将普通梁单元所得结果与IESR所得结果进行对比，如图2-21所示。从图中可以看出，采用普通梁单元所得结果与采用IESR单元所得结果完全吻合。这说明IESR单元完全可以用来计算网壳结构的稳定承载能力并同时考虑构件的初始缺陷。计算结果表明，构件初始缺陷对结构稳定承载力有很大影响，应该谨慎对待。该算例也表明，通过ANSYS的编程语言APDL可以方便地将构件的初始缺陷包含在结构当中。若采用其他通用有限元软件，也可以方便地建立该单元。

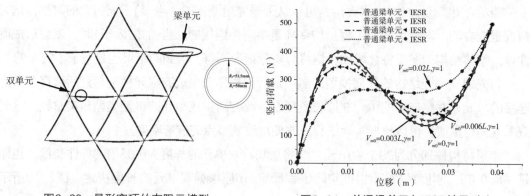

图2-20　星形穹顶的有限元模型　　　　图2-21　普通梁单元与IESR结果对比

为了研究节点刚度对结构屈曲承载能力的影响，将结构构件划分为20个梁单元。分别为刚度系数α赋予不同的值。当$\alpha=0.75$时，结构可被视为刚接。

采用不同刚度系数α所得到的结果如图2-22所示。从计算结果可以看出，当γ取值介于0.75~1之间时，也就是说α取值介于5~10，可以忽略节点刚度对结构稳定承载能力的影响。这可以被范峰的研究成果证实。同时计算结果表明，节点刚度对结构的稳定承载能力有很大影响，应该在设计阶段给予充分考虑。

为了研究构件被划分梁单元数量的影响，得到在保证计算精度的前提下，构件应该被划分的至少单元数，本节进行了参数化分析。在分析中，将构件以不同的单元数目进行划分，通过调整参数γ来保持α不变。本计算中将α设定为10。

计算结果如图2-23所示。从计算结果可以看出，无论β取值为多少，荷载位移曲线的初始部分不会受到影响，这意味着整体结构的初始刚度不会受到构件所划分单元数的影响。但是若将构件划分为过少的单元数量，例如3个单元，随着结构位移的增大，计算结果将偏离实际。

式（2-22）是在小变形下得到的，随着位移的增加，势必给计算结果带来误差。这就是上述误差的主要来源。为了减少计算误差，应该用足够的单元数量来对构件进行划分。这样可以使双单元保持在小变形状态。从图中所示的计算结果可以

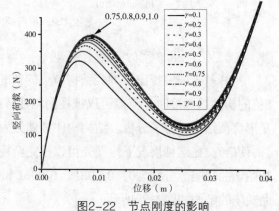

图2-22　节点刚度的影响

看出，当构件被划分为20、40和80个单元时，结构的极限荷载将不再发生变化。当构件被划分为5个单元，15个单元时，得到的结果都大于实际值。所以在同时考虑节点刚度和构件初始缺陷时，应将构件划分为20个单元以上，以保持计算精度。毫无疑问，更多的单元意味着更高的计算代价，但对线单元进行网格细化完全可以被普通电脑接受，且随着计算机技术的发展，这将不再是一个问题。

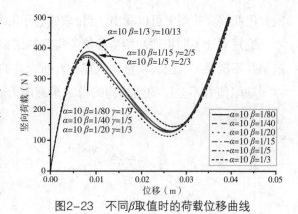

图2-23 不同β取值时的荷载位移曲线

2.5 浅网壳屈曲分析

本节对一个矢跨比为0.1的肋环形单层网壳进行了分析研究，如图2-24所示。网壳为球面网壳，材料弹性模量为2.06×10^5MPa。

在计算中，分别假定构件的初始弯曲幅值为0、0.001、0.005、0.01和0.02倍的构件长度。

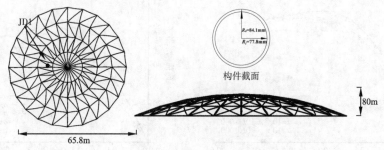

图2-24 Schwedler穹顶

在每个节点施加1kN荷载，均匀分布于结构的半跨。每个构件采用20个单元进行划分，即$\beta=0.05$。为研究节点刚度及构件初始缺陷对Schwedler穹顶结构稳定承载能力的影响，进行了参数化分析。提取了节点JD1位置处的位移结果，如图2-25所示。

从计算结果可以看出，节点刚度对结构的稳定承载能力有很大影响。当节点刚度为构件线刚度的20倍时，得到的稳定极限荷载与结构刚接时得到的稳定极限荷载几乎相等。当刚度系数α在1~5之间改变时，结构的稳定极值承载能力将会发生很大改变。图2-25（a）和（h）所示为穹顶结构分别为刚接和铰接时的荷载位移曲线，在这两种情况下，结构采用普通梁单元建立。在铰接时，将梁单元的抗弯自由度释放。图2-25（g）所示为刚度系数设定为0时的计算结果。从计算结果可知，这种情况下所得到的计算结果要比用普通梁单元计算的结果小得多。这是由于当双单元的刚度系数设置为0时，构件将变成一个不能继续承受荷载的可变体系，如图2-26所示。所以当采用IESR分析铰接连接的网壳结构时，应赋予刚度系数一个很小的值而不是0。图2-27所示为竖向荷载系数随结构刚度系数的变化曲线。从图中可以看出，当α取值介于0.002~0.005时，构件可被视为铰接连接。

通过对比不同构件初始弯曲值所得到的结果可以看出，Schwedler穹顶对构件的初始缺陷并不敏感，《空间网格技术规程》所允许的最大初始弯曲幅值为构件长度的1/1000，这一缺陷值并不会影响到结构的稳定承载能力。这一结论与Chan和Zhou（1995）所得结论一致。

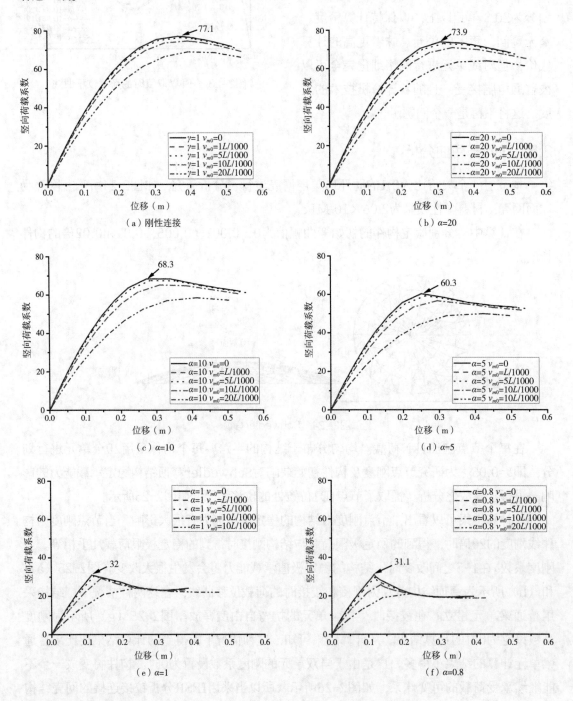

（a）刚性连接　　　　　　　　　　　　（b）α=20

（c）α=10　　　　　　　　　　　　　　（d）α-5

（e）α=1　　　　　　　　　　　　　　（f）α=0.8

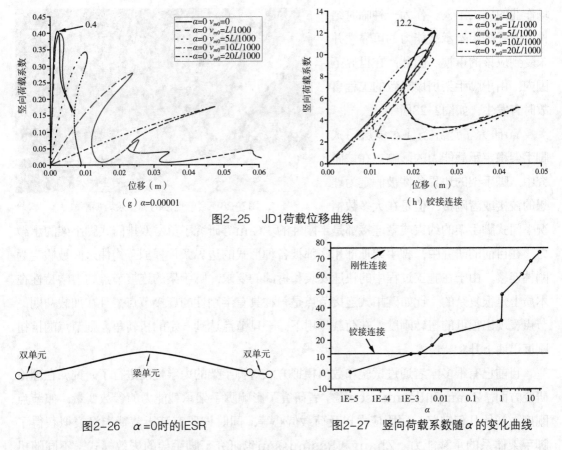

图2-25 JD1荷载位移曲线

图2-26 $\alpha=0$时的IESR

图2-27 竖向荷载系数随α的变化曲线

2.6 小结

本节将双单元法与在通用有限元软件中构件缺陷构件的方法结合，提出了考虑节点刚度的缺陷构件单元。首先对双单元及缺陷单元的精度进行了验证。在这基础上继续验证了IESR单元的计算精度。详细分析了影响IESR计算结果精度的参数。综合本节研究内容，可概括如下：

本文提出的构件缺陷单元的方法可方便高效地在通用有限元软件中得到应用，并用于对复杂网壳结构的分析计算，可以避免烦琐的建模过程。

本文提出的IESR单元可同时考虑节点刚度及构件的初始缺陷，推导了节点刚度与双单元刚度的对应关系。

节点刚度和构件的初始缺陷可以严重影响结构的稳定承载能力，在设计阶段应进行详尽的计算分析。

3 基于数值方法的门式脚手架承载能力研究

3.1 概述

门式脚手架结构体系作为一种临时结构，经常被用于支撑正在建设中的建筑或者在现场作业的施工工人。作为一种临时结构，门式脚手架承载能力的可靠性并未受到应该的重视。因此，在世界范围内，由于脚手架坍塌导致的工程事故时有发生，如图2-28所示。

Yu研究了边界条件对多层门式脚手架稳定承载能力的影响，在该研究中，脚手架的边界条件被假定为理想的铰接或者刚接，但是在大多数情

图2-28　台湾地区的脚手架坍塌事故

况下门式脚手架的约束或者连接都是半刚性的。Chu等研究了单层双排门式脚手架的承载力。在目前的研究中，脚手架顶部和底部被各种形式的边界条件模拟，构件之间被假定为刚性连接。由于在施工过程中的快速安装和拆卸的要求，脚手架的连接节点的力学特性在本质上是很复杂的。比如碗扣式连接节点是一种具有半刚性的连接节点，且在加载初期，节点表现出很低的扭转刚度。在荷载作用下，一旦节点达到一定的扭转角，则节点的抗扭刚度迅速上升。

目前已有很多学者通过试验和数值模拟方法对脚手架的力学性能进行了研究。在理论研究方面，Zhang和Rasmussen等学者研究了影响脚手架承载能力的参数变量，如节点刚度、初始几何缺陷、屈服应力以及荷载偏心等，同时该研究基于蒙特卡洛模拟获得了脚手架体系的承载能力。Zhang和Rasmussen也研究了脚手架的失效模式，不同随机变量对脚手架结构强度和稳定承载能力的影响，以及脚手架的可靠度问题。Chan等学者对支撑结构进行了非线性分析，分析中并没有假定构件的有效长度。基于稳定函数同时采用名义干扰力并考虑P-δ和P-Δ效应，该理论计算方法精确地预测了脚手架结构体系的承载能力。

基于通用有限元软件的发展，如ANSYS、LUSAS和NIDA等，近年来很多学者基于三维有限元模型对脚手架的力学性能进行了研究，如Prabhakaran、Milojkovic、Godley和Beale。

已有研究通常对结构进行特征值屈曲分析，并将第一阶屈曲模态作为初始缺陷施加到理想结构，建立初始的缺陷结构体系以进行包含二阶效应的结构分析。对于脚手架体系，同样可以利用该方法来研究初始缺陷对脚手架承载能力的影响。例如Yu和Chu将分布模态服从第一阶屈曲模态，幅值为0.1%脚手架层高的初始缺陷施加到脚手架模型当中。该方法简单且容易操作，但是它忽略了初始缺陷的本质：随机性。通过该方法得到的结构承载力可能过于保守。

在大跨度结构中，由于主体结构高度较大，因此就会导致支撑主体结构的脚手架的高度较大，例如于家堡站房穹顶结构所用的脚手架体系，如图2-29所示。在这种情况下，节点刚度和构件的初始缺陷可能会在一定程度上影响脚手架体系的承载能力。

图2-29　于家堡站房门式脚手架体系

3.2　数值模型的建立

基于Yu等学者已有的研究工作，本文对典型的门式脚手架进行了研究。门式脚手架及尺寸示意图如图2-30所示。

采用BEAM188单元建立门式脚手架的有限元模型（图2-31）。为了准确模拟x支撑的力学性能，将两个支撑的中间节点的平移自由度进行耦合。同时将支撑两端的抗弯自由度通过"ENDRELEASE"命令进行释放，形成铰接节点。同时采用双单元模拟不同门式脚手架单元之间的连接和脚手架底部的螺旋节点。

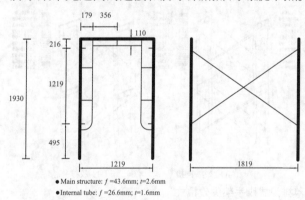

● Main structure: f =43.6mm; t=2.6mm
● Internal tube: f =26.6mm; t=1.6mm

图2-30　门式脚手架尺寸示意图（单位：mm）

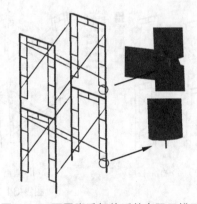

图2-31　两层脚手架体系的有限元模型

3.3　结果与讨论

3.3.1　有限元模型验证

为了验证有限元模型的可靠性，本节对双层门式脚手架体系进行了分析。总体上讲，可以将门式脚手架的边界条件分为4类：

● 铰接-刚接

● 铰接-铰接

● 自由-刚接

● 自由-铰接

第一个约束条件是指限制脚手架顶部平移自由度的约束，第二个约束条件是指脚手架底部的扭转自由度的约束。

各边界条件下得到的结果如图2-32所示。将本文所得计算结果与Yu所得结果进行对比，对比结果如图2-33所示。从计算结果可知，双层门式脚手架体系的边界条件对其极限承载能力有很大影响。通过计算结果的对比，可以看出两者高度吻合，验证了本文所提数值计算模型的精确性。

图2-34所示为双层单排门式脚手架在不同边界条件下的失效模式。从图中可以看出，边界条件不仅影响承载能力，同时也影响失效模式。

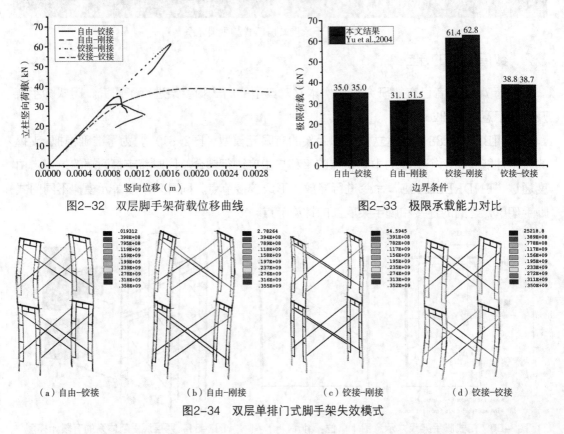

图2-32 双层脚手架荷载位移曲线　　　　图2-33 极限承载能力对比

（a）自由-铰接　　　（b）自由-刚接　　　（c）铰接-刚接　　　（d）铰接-铰接

图2-34 双层单排门式脚手架失效模式

3.3.2 连接节点刚度影响

3.3.2.1 自由-刚接

为了研究门式脚手架不同模块之间连接节点刚度对承载能力的影响，采用双单元模拟不同模块之间的连接节点，通过调整刚度系数k来模拟连接节点刚度的影响。刚度系数k代表连接节点刚度与立柱线刚度的比值。边界条件为顶端自由，底部刚接。

不同连接节点刚度系数所得到的荷载位移曲线如图2-35所示。从计算结果可知，连接节点刚度几乎不会影响门式脚手架体系的极限承载能力，计算结果显示影响很小以至于可以忽略。同时从荷载位移曲线可以看出，连接节点刚度不会影响脚手架体系的初始刚度。

图2-36所示为三层两排脚手架体系的失效模式。从图中可以看出，连接节点刚度不

会影响脚手架的失效模式。失效是由最高层脚手架立柱的屈曲引起的。这是由于脚手架顶部为自由端引起的。

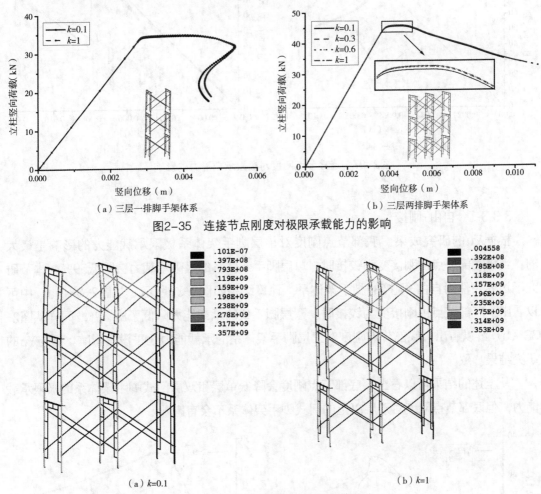

（a）三层一排脚手架体系　　　　　　　　　　（b）三层两排脚手架体系

图2-35　连接节点刚度对极限承载能力的影响

（a）k=0.1　　　　　　　　　　　　　（b）k=1

图2-36　三层两排脚手架体系失效模式

3.3.2.2　铰接-刚接

本节研究了连接节点刚度对顶部铰接底部为刚接的门式脚手架极限承载能力的影响。对三层一排、三层四排脚手架体系进行了分析研究。得到的荷载位移曲线如图2-37所示。

从计算结果可以看出，对于三层一排脚手架体系，当连接节点刚度系数从1变为0.1时，结构的极限荷载从92kN变为87.4kN。对于三层四排脚手架体系，极限荷载从94kN降为90.26kN。从计算结果可知，连接节点的刚度对边界条件为铰接-刚接的脚手架承载能力的影响要大于边界条件为自由-刚接的脚手架。对所分析的两种脚手架，极限承载能力分别降低了5%和4%。

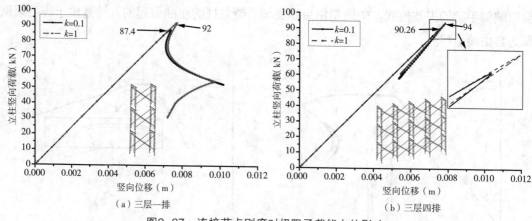

（a）三层一排 （b）三层四排

图2-37 连接节点刚度对极限承载能力的影响

3.3.3 底部节点刚度影响

3.3.3.1 自由-刚接

根据Yu的研究成果，底部节点刚度对单层脚手架体系极限承载能力的影响是最大的。当将底部节点由刚接变为铰接时，单层脚手架体系的极限承载力会降低59%。本节研究了边界条件为自由-刚接的脚手架体系，计算结果如图2-38所示。从图2-38（a）中可以看出，底部节点由刚接变为铰接时，双层脚手架的承载能力降低了88.7%，同样从图2-38（b）可以看出，底部节点刚度对三层脚手架体系的承载能力几乎没有影响。这与Yu的研究结果一致。

从上述的结果可以看出，底部节点刚度会降低单层和双层门式脚手架体系的极限承载能力，但底部节点刚度对双层以上的门式脚手架体系不会有影响。

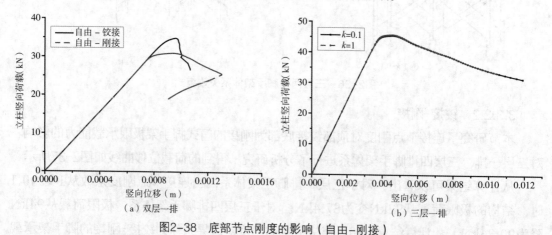

（a）双层一排 （b）三层一排

图2-38 底部节点刚度的影响（自由-刚接）

3.3.3.2 铰接-刚接

本节对边界条件为铰接-刚接的脚手架体系进行了研究，所得结果如图2-39所示。从图中可知，当边界条件为上部铰接，底部节点刚度几乎不会影响脚手架的极限承载能力。

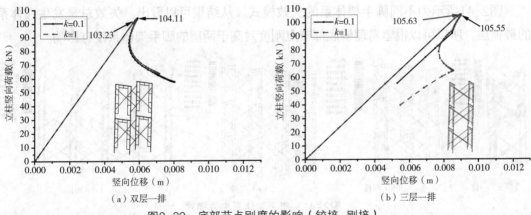

（a）双层一排　　　　　　　　　　　　（b）三层一排

图2-39　底部节点刚度的影响（铰接-刚接）

3.4　初始缺陷的影响

在实际工程中，脚手架体系不可避免地存在初始缺陷，例如构件的初弯曲。构件的初弯曲会在一定程度上降低结构的承载能力。本节系统地对构件初弯曲的影响进行了详尽的分析，所得结果如图2-40所示。M_0和h分别表示脚手架模块的初弯曲幅值和高度。

图2-40为不同脚手架体系的极限承载能力结果。从计算结果可知，当初弯曲幅值M_0小于《空间网格结构技术规程》规定的最大允许值$h/1000$时，初弯曲几乎不会对结构极限承载能力产生影响，所以最大允许的初弯曲幅值定位$h/1000$是合理的。从图中还可以看出，当初弯曲幅值增加到一定程度，会降低结构的刚度。

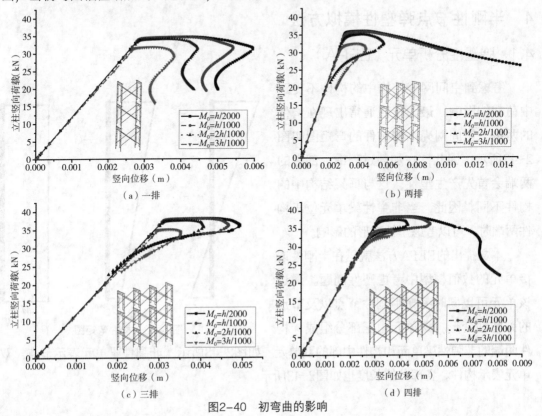

（a）一排　　　　　　　　　　　　　　（b）两排

（c）三排　　　　　　　　　　　　　　（d）四排

图2-40　初弯曲的影响

图2-41所示为不同脚手架体系的失效模式。从结果可以看出，失效总是发生在体系的最顶层。所以可以很容易理解底部节点刚度对高于两层的脚手架体系没有影响。

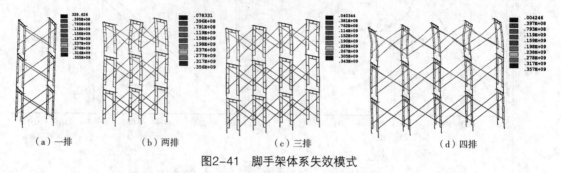

（a）一排　　　　　（b）两排　　　　　（c）三排　　　　　（d）四排

图2-41　脚手架体系失效模式

3.5　小结

本节基于所提出的数值计算方法，研究了节点刚度和构件初始缺陷对脚手架体系承载能力的影响。通过与以往研究成果对比，首先验证了数值计算模型的可靠性。该数值建模方法可以用于各种类型的脚手架体系。然后分析了连接节点刚度对极限承载力的影响。结果显示，连接节点刚度对边界条件为铰接-刚接的脚手架的影响要大于边界条件为自由-刚接的脚手架。底部节点刚度对单层或双层脚手架影响较大，但对于大于双层的门式脚手架体系的极限承载能力没有影响。

4　半刚性节点弹塑性模拟方法

4.1　弹塑性分析单元（EEPA）

考虑到空间网壳结构中的构件不受跨中荷载的影响，最大弯矩通常出现在构件的两端。空间网壳结构构件的弯矩图如图2-42所示。因此，在加载过程中，部件的两端会首先产生塑性，这与框架结构中的构件不同。因此，当非弹性梁单元位于构件两端时，可以考虑塑性变形的影响。

本文提出的EEPA方法就是在半刚性连接单元的数值模型中考虑塑性问题。通过该单元可以同时考虑半刚性节点以及节点的弹塑性变形。该单元由三部分组成：构

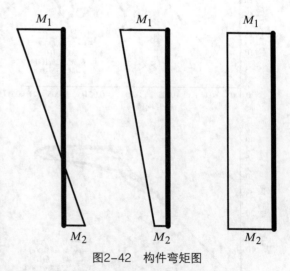

图2-42　构件弯矩图

件两端的非弹性梁单元和构件中部的双单元。如图2-43所示，非弹性梁单元表示节点，双单元表示构件。各部分的长度也如图2-43所示。

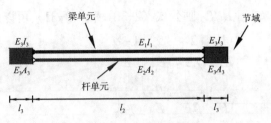

图2-43　EEPA示意图

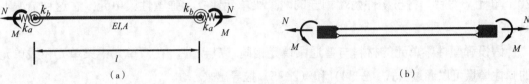

图2-44　弯矩作用下的梁

如图2-44（a）所示，节点的轴向刚度和抗弯刚度分别用k_a和k_b表示，忽略在普通单元中的节点长度。利用公式（2-24）~（2-27）可以导出EEPA和普通梁单元在弯矩或轴向力作用下的变形。这两种单元的变形量应该是相等的，基于此，可以推导出公式（2-28）和（2-29）。

$$\theta = \int_l \frac{M}{EI}\mathrm{d}l + 2 \times \frac{M}{k_b} = \frac{lM}{EI} + \frac{2M}{k_b} \tag{2-24}$$

$$\theta_2 = \int_{l_2} \frac{M}{E_1I_1}\mathrm{d}l + 2 \times \int_{l_3} \frac{M}{E_3I_3}\mathrm{d}l = \frac{Ml_2}{E_1I_1} + \frac{2Ml_3}{E_3I_3} \tag{2-25}$$

$$\Delta_1 = \int_l \frac{N}{EA}\mathrm{d}l + \frac{2N}{k_a} = \frac{Nl}{EA} + \frac{2N}{k_a} \tag{2-26}$$

$$\Delta_2 = \int_{l_2} \frac{N}{E_2A_2}\mathrm{d}l + 2 \times \int_{l_3} \frac{N}{E_3A_3}\mathrm{d}l = \frac{Nl_2}{E_2A_2} + \frac{2Nl_3}{E_3A_3} \tag{2-27}$$

$$\frac{l}{EI} + \frac{2}{k_b} = \frac{l_2}{E_1I_1} + \frac{2l_3}{E_3I_3} \tag{2-28}$$

$$\frac{l}{EA} + \frac{2}{k_a} = \frac{l_2}{E_2A_2} + \frac{2l_3}{E_3A_3} \tag{2-29}$$

考虑到网壳结构通常由数千个构件组成，将这三部分的面积A和惯性矩I取为相同值，可以方便地建立数值模型。也就是说，EEPA的3个部分具有相同的横截面。此外，一般梁单元的横截面也假定为与EEPA相同。之后，方程（2-28）和（2-29）可以简化为：

$$\frac{l}{E} + \frac{2I}{k_b} = \frac{l_2}{E_1} + \frac{2l_3}{E_3} \tag{2-30}$$

$$\frac{l}{E} + \frac{2A}{k_a} = \frac{l_2}{E_2} + \frac{2l_3}{E_3} \tag{2-31}$$

假定 $l_2=\alpha l, k_a=\beta EA/l, k_b=\gamma EI/l$，则公式（2-30）和（2-31）可以进一步简化为：

$$\frac{1}{E}+\frac{2}{\gamma E}=\frac{\alpha}{E_1}+\frac{1-\alpha}{E_3} \tag{2-32}$$

$$\frac{1}{E}+\frac{2}{\beta E}=\frac{\alpha}{E_2}+\frac{1-\alpha}{E_3} \tag{2-33}$$

β 和 γ 可以通过试验确定，α 通过构件网格划分的单元数量确定。例如，构件划分为 20 个单元。然后，将与构件两端相连的两个梁单元建立为弹塑性梁单元，在这种情况下 $\alpha=0.9$。

假设弹塑性梁单元的材料与普通梁单元相同（$E_3=E$）。在双单元中梁单元和线单元的弹性模量可以通过公式（2-34）和（2-35）推导出来。

$$E_1=\frac{\alpha\gamma}{\alpha\gamma+2}E \tag{2-34}$$

$$E_2=\frac{\alpha\beta}{\alpha\beta+2}E \tag{2-35}$$

公式（2-34）表明，当 γ 趋于无穷大时，节点等同于刚性连接，此时，$E_1=E$。EEPA 等效为一个普通梁单元，与实际情况相符。公式（2-35）表明，当节点的轴向刚度趋于无穷大时，$E_2=E$。

上述单元模型可在通用有限元软件中建立。在ANSYS中建立EEPA的流程图如图2-45所示。通过该流程，可以很方便地采用EEPA对半刚性连接网壳结构进行分析。

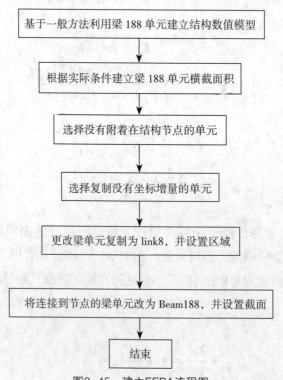

图2-45　建立EEPA流程图

4.2　数值验证

4.2.1　悬臂梁

在本节中，通过数值算例对EEPA单元的可靠性进行了验证。通过普通梁单元（ANSYS中和EEPA方法的BEAM188）建立悬臂梁，如图2-46所示。在顶端施加位移，约束底部节点的所有自由度。梁的横截面是半径和厚度分别为50mm、5mm的圆管，所有部件的弹性模量设置相同（$E_1=E_2=E$），对该悬臂梁进行了弹塑性分析。

将悬臂梁网格划分为20个单元，即EEPA两端的非弹性梁单元长度等于整个梁长度的1/20。提取梁的顶端水平位移和底端弯矩。基于两种模型所得到的结果如图2-47所示。由计算结果可以看出，模型Ⅰ和模型Ⅱ的结果完全一致。这意味着当假定节点为刚性连接时，EEPA单元与普通梁单元完全等效。

为了研究EEPA在考虑节点弹塑性方面的准确性和有效性，对EI进行了调整以考虑节点的半刚性。图2-48显示的结果表明，通过改变弹性模量可以准确地考虑构件的抗弯刚度。如果弹塑性梁单元所用材料的屈服强度不变，则构件的极限抗弯承载能力不会发生变化。

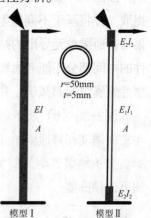

图2-46　两种模型原理图

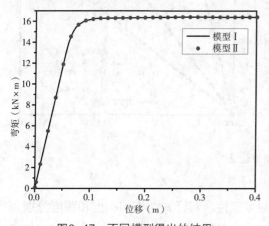

图2-47　不同模型得出的结果

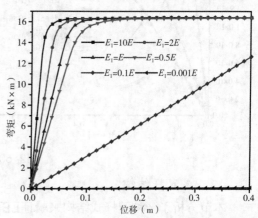

图2-48　不同节点刚度下的弯矩-位移曲线

图2-49显示了在弯矩和轴向力共同作用下EEPA可靠性的系统研究结果。假设构件被划分成20单元，则α等于0.9，两个模型的横截面设置相同，弹性模量和屈服强度分别为2.1×10^5MPa和345MPa。

假设$k_a=5EA/l$，$k_b=8EA/l$，公式（2-34）和（2-35）表明，$E_1=0.78E$，$E_2=0.7E$。在构件两端建立了普通梁单元的

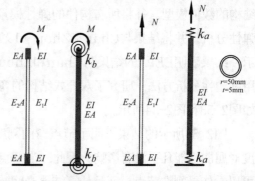

图2-49　不同模型在弯矩和轴向力作用下的示意图

非线性弹簧单元，来模拟节点刚度。将构件长度设为1m、3m和5m，以验证EEPA对不同长度构件的准确性。

空间网壳结构一般不存在跨中荷载。最常见的弯矩图如图2-42所示。大多数构件承受剪切力，因此，塑性一般首先发生在构件的两端。对于纯弯曲的构件，所有截面同时屈服。考虑到EEPA不能考虑跨中的塑性，当EEPA用于纯弯曲下的构件分析时，可能会出现较大的误差。因此，在纯弯曲条件下对构件进行了分析验证，如图2-50所示。

图2-50（a）显示了纯弯曲条件下的弯矩-转角曲线。弯矩和转角分别在底部和顶部提取，并将基于不同模型所得到的结果进行了对比。图2-50（a）表明，EEPA得出的结果与普通梁单元导出的结果基本一致。不同模型推导得到的弯曲刚度值基本一致。因为构件的中间部分不能考虑塑性变形，所以当构件开始屈服时会产生误差。但是该误差将随着塑性发展过程而减小，并在达到极限载荷时消除。

图2-50（b）所示为轴向刚度的对比结果。结果表明，EEPA所得到的轴向承载能力与轴向刚度和普通梁单元吻合。

分析结果表明，EEPA单元可同时考虑半刚性节点的抗弯刚度和轴向刚度，同时具有很高的精确度。

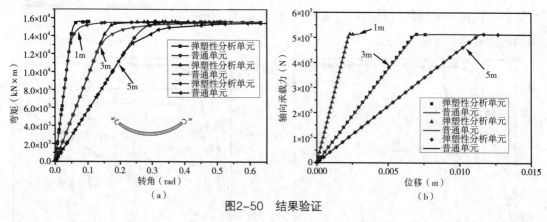

图2-50　结果验证

4.2.2　双杆结构

本节分析了一种双杆式结构来验证EEPA的可靠性。双杆式结构的高度和跨度分别为0.025m和1m，该结构的其他力学性能参数如图2-51所示。采用EEPA方式建立了双杆式结构的数值模型，并将所有构件的弹性模量均设定为相同的值（$E_1=E_2=E$）。首先进行了弹性分析，并将结果与Chan和Zhou（1995）推导的结果进行了比较。结果如图2-52所示，结果表明EEPA的结果与Chan和Zhou的结果完全一致，说明了EEPA的准确性。采用弹塑性分析方法，研究了双杆式结构的弯曲刚度和轴向刚度对其屈曲性能的影响，结果如图2-53和图2-54所示。

图2-53所示的结果表明了节点弯曲刚度对屈曲承载力的影响。当γ大于50时，节点刚度对屈曲性能几乎没有影响。因此，当节点的弯曲刚度大于构件线性刚度的50倍时，节点可以看作是刚性节点。而且计算结果表明，节点刚度对双杆式结构的稳定承载能力有显著

影响。图2-54显示了节点轴向刚度对双杆式结构的稳定性能的影响。当节点轴向刚度大于构件线刚度的50倍时，节点轴向刚度的影响可以忽略不计。节点轴向刚度对双杆式结构的稳定承载能力有显著影响，其影响大于节点抗弯刚度的影响。

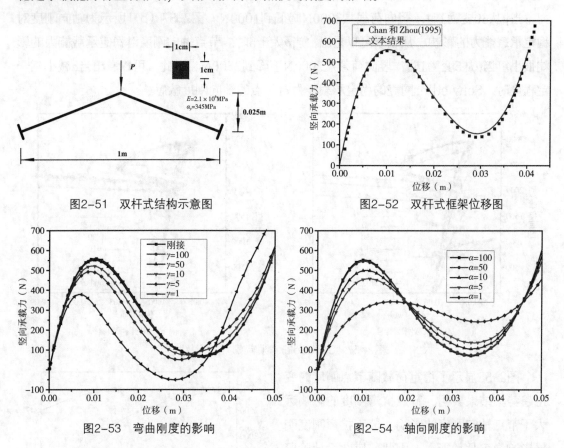

图2-51　双杆式结构示意图　　　　　　　　图2-52　双杆式框架位移图

图2-53　弯曲刚度的影响　　　　　　　　图2-54　轴向刚度的影响

4.3　浅圆穹顶的屈曲分析

本节对矢高比等于0.1的浅网壳（环向被径向杆24等分）进行了分析，如图2-55所示。网壳的表面为球形。材料弹性模量为$2.1×10^5$MPa，屈服强度为345MPa。Schwedler网壳的有限元模型如图2-56所示。

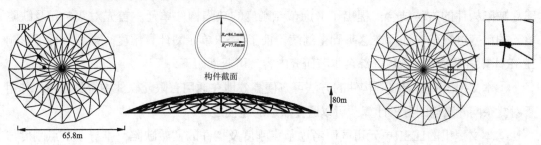

图2-55　Schwedler穹顶　　　　　　　图2-56　Schwedler穹顶的有限元模型

在分析中，网壳施加半跨荷载，每个节点施加5kN的力。每个构件划分20个单元，对应的α=0.9。通过参数分析，研究了节点抗弯刚度和轴向刚度对Schwedler网壳稳定性能的影响。提取JD1处的挠度，如图2-57所示。

通过弹性屈曲和非弹性屈曲分析，研究了抗弯刚度和轴向刚度对网壳稳定性能的影响。结果如图2-57（a）所示，节点抗弯刚度会直接影响Schwedler网壳的稳定承载能力。当γ从30变为1时，竖向荷载从3000N降低到1000N。图2-57（b）所示为轴向刚度对稳定承载能力的影响。从结果可以看出，当α大于5时，节点轴向刚度对稳定承载能力的影响很小。当α从5变为1时，竖向荷载从3000N下降到2500N。因此，可以看出当α减小到一定程度时，Schwedler网壳的稳定承载能力对节点的轴向刚度敏感。

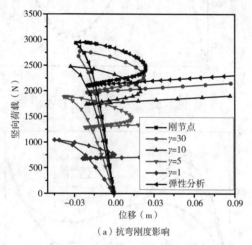

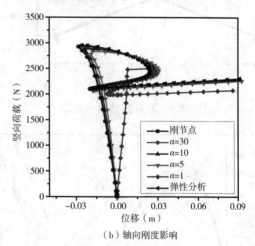

（a）抗弯刚度影响　　　　　　　　　　　（b）轴向刚度影响

图2-57　Schwedler穹顶荷载-位移曲线

图2-58显示了稳定荷载随节点刚度的变化趋势。结果表明，节点抗弯刚度的影响远大于节点轴向刚度的影响。节点抗弯刚度明显影响稳定承载能力。因此，应在设计阶段考虑节点抗弯刚度。

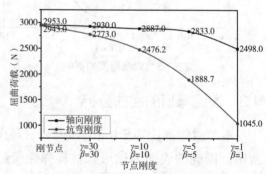

图2-58　节点刚度对屈曲荷载的影响

4.4　小结

本节将双单元法与在通用有限元软件中建立缺陷构件的方法结合，提出了考虑节点刚度的缺陷构件单元。首先对双单元及缺陷单元的精度进行了验证。在这基础上继续验证了IESR单元的计算精度，详细分析了影响IESR计算结果精度的参数。综合本节研究内容，可概括如下：

①本文提出的建立缺陷构件的方法可方便高效地在通用有限元软件中得到应用，并用于对复杂网壳结构的分析计算，可以避免烦琐的建模过程。

②本文提出的IESR单元可同时考虑节点刚度及构件的初始缺陷，推导了节点刚度与双单元刚度的对应关系。

③节点刚度和构件的初始缺陷可以严重影响结构的稳定承载能力，在设计阶段应进行详尽的计算分析。

④单层网壳结构的稳定分析涉及几何和材料非线性，可以考虑节点的大位移和材料的屈服。本文研究了节点抗弯刚度和轴向刚度对网壳结构稳定性能的影响，提出了一种考虑节点抗弯刚度和轴向刚度的数值计算方法。该方法是在通用有限元软件的基础上提出的，也可用于非弹性分析。所提方法可以避免烦琐的编程工作，也可以被广大的工程设计人员使用，通过数值试验方法验证了该方法的准确性。研究结果表明，节点抗弯刚度对网壳结构的屈曲承载力有很大影响。节点轴向刚度对不同结构的影响也不尽相同。

5　随机几何缺陷对单层网壳结构稳定承载能力的影响

在大多数分析中，网格壳中的构件被认为是完全笔直的。然而，构件的缺陷是不可避免的，可能会对结构的力学性能产生负面影响。本节基于前文所提出的可以同时考虑节点半刚性和初弯曲的数值单元对单层网壳结构的稳定承载能力进行了研究。本节提出了考虑构件初始曲率、节点安装误差和节点刚度的数值方法，研究了随机几何缺陷对两种网壳结构稳定性的影响。该方法可在通用有限元软件上实现，并能保证其适用性。

5.1　随机几何初始缺陷的考虑方法

5.1.1　初弯曲单元的建立

本节采用通用有限元软件ANSYS建立缺陷构件的有限元模型。在传统的分析计算中，通常建立直线然后对直线进行网格划分以模拟网壳结构中的构件。在这种情况下，不能考虑构件的初始弯曲缺陷。在该研究中，将采用以"BSPLIN"命令建立的曲线代替原来的直线来考虑构件的初弯曲。在构件的跨中位置设定初弯曲的幅值。在多数研究中，通常假定构件的初弯曲为半正弦曲线形状。这种线型可通过设置除了跨中位置以外的点的初始缺陷值，然后通过这些点建立B-样条曲线来逐渐逼近，如图2-59所示。为了方便设定初始缺陷的值，在每个构件位置建立局部坐标系，局部坐标系的x轴方向为构件的轴线方向，局部坐标系的y轴方向为竖直向上。构件轴线上任意一点的初始缺陷值可通过ANSYS中内置的正弦函数获得。通过循环语句，可以对结构的每个构件施加初始缺陷。整个过程操作起来简便快捷且易被工程人员掌握。

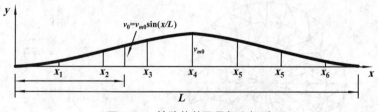

图2-59　缺陷构件及局部坐标系

前述考虑构件初弯曲的方法并未考虑初弯曲方向的随机性。而在实际工程中，构件的初弯曲方向都是随机分布的，所以本节对该方法进行了进一步的提升。首先通过随机函数产生一个大小介于0到2π的角度θ。根据构件两端的节点坐标在构件的跨中建立局部坐标系。然后将局部坐标系绕自身x轴旋转θ角度，如图2-60所示。根据实际情况，假定θ服从均匀分布。由此，构件的初弯曲方向满足随机的分布。为了能够考虑节点半刚性的影响，采用提出的具有半刚性连接的带初弯曲缺陷的数值单元，分析了两种典型的单层网壳结构。

5.1.2 节点安装随机误差

空间网格结构在实际安装过程中，节点的安装位置与理论安装位置必然存在误差，称为节点安装误差。该误差也是随机分布的。为了考虑节点的随机安装误差，引入Δx、Δy和Δz 3个参数。Δx、Δy和Δz分别代表节点实际安装位置与理论安装位置的距离。节点安装误差的幅值为$E_{max} = \sqrt{\Delta x^2 + \Delta y^2 + \Delta z^2}$。随机参数$\Delta x$、$\Delta y$和$\Delta z$服从均匀分布，也可假定服从高斯分布。$\Delta x$的变化区间为$\left(-E_{max}, E_{max}\right)$，然后可得$\Delta y$的变化区间为$\left(-\Delta y = \sqrt{E_{max}^2 - \Delta x^2}, \Delta y = \sqrt{E_{max}^2 - \Delta x^2}\right)$，最后可得$\Delta z$的变化区间$\left(-\Delta z = \sqrt{E_{max}^2 - \Delta x^2 - \Delta y^2}, \Delta z = \sqrt{E_{max}^2 - \Delta x^2 - \Delta y^2}\right)$。通过将安装误差叠加到节点坐标来考虑节点安装误差的影响。

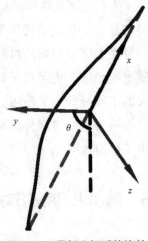

图2-60　局部坐标系的旋转

5.2　分析结构

为了研究几何初始缺陷对不同类型空间网格结构的影响，选取矢跨比等于0.1的施威德勒和凯威特两种典型单层网壳进行分析。选取单层网壳的原因是单层网壳对初始几何缺陷的敏感性大于多层网壳。分析了几何缺陷对两个矢跨比不同的凯威特的稳定承载能力的影响，如图2-61和图2-62所示。网壳为球面网壳，所用钢材的弹性模量和屈服强度分别为2.1×10^5 MPa和345 MPa。

在分析中，荷载均匀地施加在网壳的所有节点上，对于施威德勒和凯威特网壳的每个节点的荷载大小为200kN。为精确反映构件的初弯曲，将每个构件划分为20个单元。通过参数化分析研究了构件的初弯曲和节点安装误差对两种不同单层网壳稳定承载能力的影响。

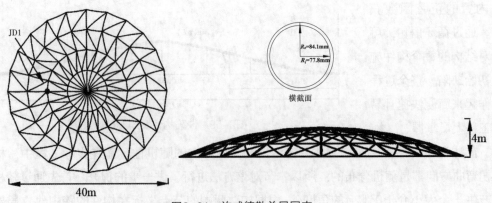

图2-61　施威德勒单层网壳

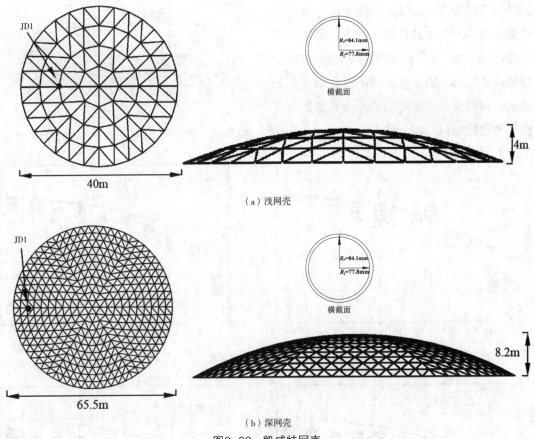

（a）浅网壳

（b）深网壳

图2-62　凯威特网壳

5.3　构件初始缺陷对稳定承载能力的影响

5.3.1　初弯曲幅值影响

本节对初弯曲幅值（v_{m0}）对结构稳定承载能力的影响进行了参数化分析。图2-63给出了$v_{m0}=15l/1000$的有限元数值模型。考虑到构件缺陷的随机性，对每个节点刚度系数进行了100次计算。v_{m0}被设置为不同的值。由于只考虑稳定系数的变化范围而不具体考虑荷载系数大概率分布模型，假定v_{m0}的概率模型满足均匀分布。

图2-64所示为不同初弯曲幅值所对应的施威德勒网壳荷载系数分布范围的影响。计算中考虑了节点半刚性的影响，一般情况下，施威德勒网壳的屈曲承载力随节点刚度的增加而增大。图中结果表明，当节点刚度系数为0.1时，v_{m0}为$l/1000$时，理想结构的屈曲载荷系数为0.49。包含初始缺陷后，结构的稳定载荷系数的变化区间0.29~0.49。当v_{m0}设置为$5l/1000$、$10l/1000$和$15l/1000$时，缺陷结构的屈曲载荷系数分别是0.29~0.35、0.28~0.33和0.27~0.29。此外，可以得出结论，当节点刚度为0.1时，屈曲载荷对v_{m0}的变化不敏感。在这种情况下，网壳可以被认为是铰接的。

当节点刚度为1.0，v_{m0}为$l/1000$时，理想结构的屈曲载荷系数为0.6。屈曲载荷系数从0.58变化到0.6。当v_{m0}为$5l/1000$、$10l/1000$和$15l/1000$时，屈曲载荷系数分别是0.5~0.6，

0.54~0.57和0.52~0.57。屈曲承载力随v_{m0}的增加而减小，屈曲载荷因子的变化范围几乎不受v_{m0}的影响。初始弯曲对半刚性连接施威德勒网壳的影响随刚度系数的变化而变化。缺陷结构的荷载系数随节点刚度系数的变化趋势与理想结构基本一致。

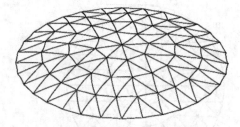

图2-63　初弯曲幅值$v_{m0}=15l/1000$的有限元模型

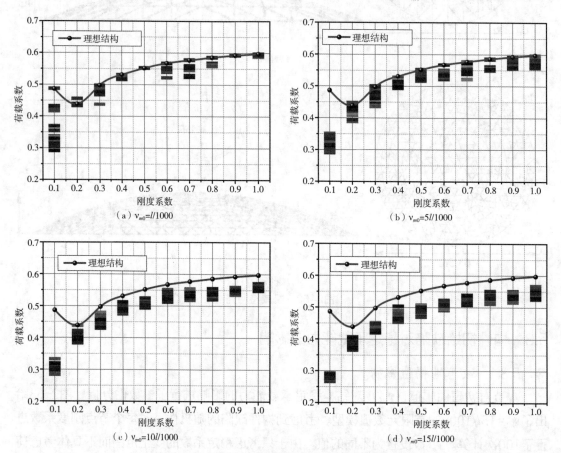

图2-64　初弯曲对施威德勒网壳稳定系数的影响

图2-65所示为K8浅网壳荷载系数随节点刚度系数和初弯曲幅值v_{m0}的变化规律。从图中可以看出，当v_{m0}设置为$l/1000$时，荷载系数几乎不受影响。荷载系数的变化范围随v_{m0}的增加而增大，峰值仍为理想结构的屈曲荷载系数，这与施威德勒网壳不同。

深K8网壳的屈曲荷载随节点刚度系数和v_{m0}的变化规律如图2-66所示。可以看出，浅K8网壳荷载系数的变化幅度大于深K8网壳的变化幅度。这表明，随着结构尺寸的增加，承载能力的变化范围对初始曲率的敏感性降低。

折减系数是指缺陷结构的承载能力与理想结构的承载能力之比。图2-67比较了K8浅网壳和K8深网壳的折减系数，图中表示了折减系数随刚度系数的变化趋势。可以看出折减系数与刚度系数无关，折减系数明显受到结构规格的影响。

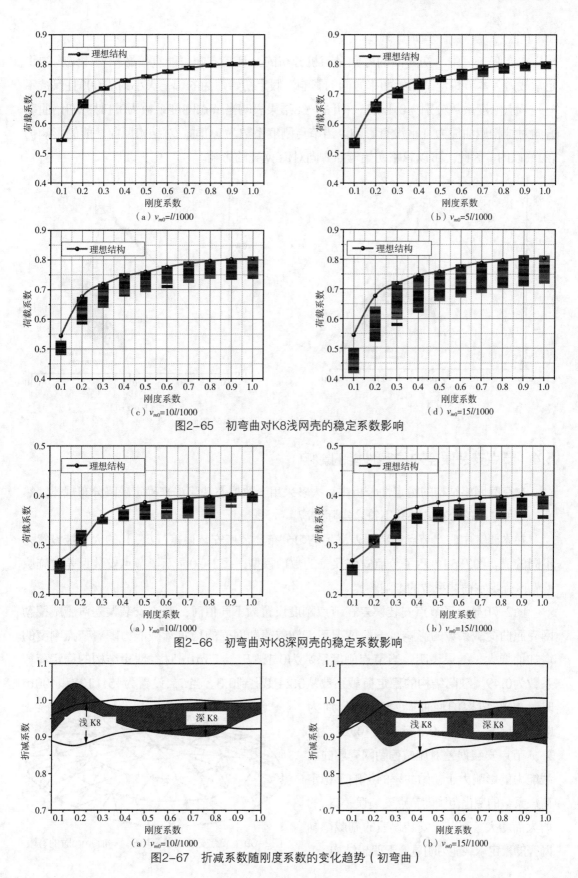

（a）$v_{m0}=l/1000$

（b）$v_{m0}=5l/1000$

（c）$v_{m0}=10l/1000$

（d）$v_{m0}=15l/1000$

图2-65 初弯曲对K8浅网壳的稳定系数影响

（a）$v_{m0}=10l/1000$

（b）$v_{m0}=15l/1000$

图2-66 初弯曲对K8深网壳的稳定系数影响

（a）$v_{m0}=10l/1000$

（b）$v_{m0}=15l/1000$

图2-67 折减系数随刚度系数的变化趋势（初弯曲）

5.3.2 初弯曲方向的影响

在实际工程中，初弯曲的方向是随机分布的，且其方向可能直接影响整体结构的稳定承载力。本节讨论了初始曲率方向的影响。假定初始弯曲的幅值大小为$l/1000$且保持不变，节点刚度系数分别为0.1和1。由图2-68结果表明当节点刚度系数为0.1时，初始曲率方向对结构屈曲能力几乎没有影响。当节点刚度系数为1.0时，对结构屈曲性能的影响仍在1%以内。因此，可以忽略初始弯曲方向对K8网壳的影响。

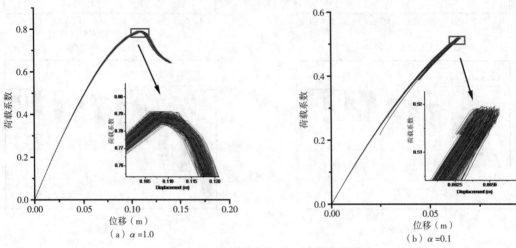

图2-68　初弯曲方向对K8浅网壳的影响

5.4　节点安装误差对稳定性能的影响

在空间网格结构的稳定性分析中，大多采用一致模态缺陷法来确定缺陷分布规律。然而，这种缺陷的分布方式并不符合实际情况。

在本研究中假定节点安装误差满足均匀分布。节点安装误差（E_{max}）的大小被设置为不同的值。图2-69显示了节点安装误差的数值模型，图2-70显示了节点安装误差对施威德勒网壳稳定荷载系数的影响。

图2-70显示了节点安装误差在节点刚度设置为不同值时，节点安装误差对施威德勒网壳屈曲荷载系数的影响。一般情况下，施威德勒网壳的稳定承载能力随着节点刚度的增加而增大。结果表明，当节点刚度系数为0.1，$E_{max}=15mm$时，理想结构的稳定荷载系数为0.49。缺陷结构的稳定荷载系数从0.24变化到0.3。当E_{max}设置为45、133和400m时，缺陷结构的屈曲荷载系数分别为0.19~0.26、0.13~0.25和0.1~0.25。此外，节点安装误差对施威德勒网壳屈曲承载能力的影响大于初始曲率的影响。稳定荷载系数的变化范围随节点安装误差E_{max}的增大而增大。有节点安装误差的施威德勒网壳的稳定承载能力明显低于理想结构。

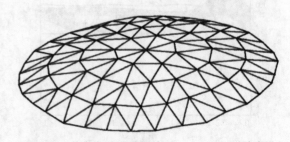

图2-69　节点安装误差幅值$E_{max}=400mm$时的有限元模型

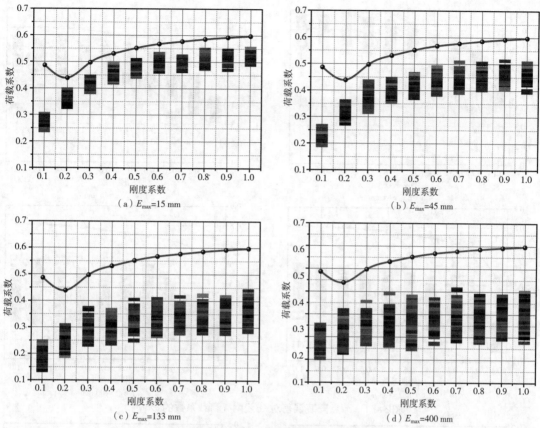

（a）$E_{max}=15$ mm

（b）$E_{max}=45$ mm

（c）$E_{max}=133$ mm

（d）$E_{max}=400$ mm

图2-70 安装误差对施威德勒网壳影响

图2-71显示了节点安装误差对K8浅网壳不同节点刚度系数时的稳定荷载系数的影响。图2-71（a）中的结果表明，具有节点安装误差的K8浅网壳的稳定能力可能大于理想结构的稳定承载能力，这与施威德勒网壳不同。节点安装误差对K8网壳的影响小于施威德勒网壳。

图2-72描述了节点安装误差对K8深网壳的影响。结果表明，K8深网壳的荷载系数变化范围较小，即对节点安装误差的敏感性较弱。将缺陷结构的承载能力与理想结构的承载能力进行了比较，研究了折减系数随刚度系数的变化规律。结果表明，某一节点刚度的最小折减系数随E_{max}的增大而减小。与初弯曲的影响不同，节点安装误差引起的折减系数变化幅度与结构尺寸呈正相关。图2-73显示了当$E_{max}=20$mm，$\alpha=0.5$和1.0时K8网壳的载荷-挠度曲线。如图2-74所示，当节点刚度设置为0.5和1.0时，结构屈曲承载力范围分别为0.61~0.79和0.65~0.87。此外，节点安装误差也会对整体结构屈曲后力学性能产生影响。

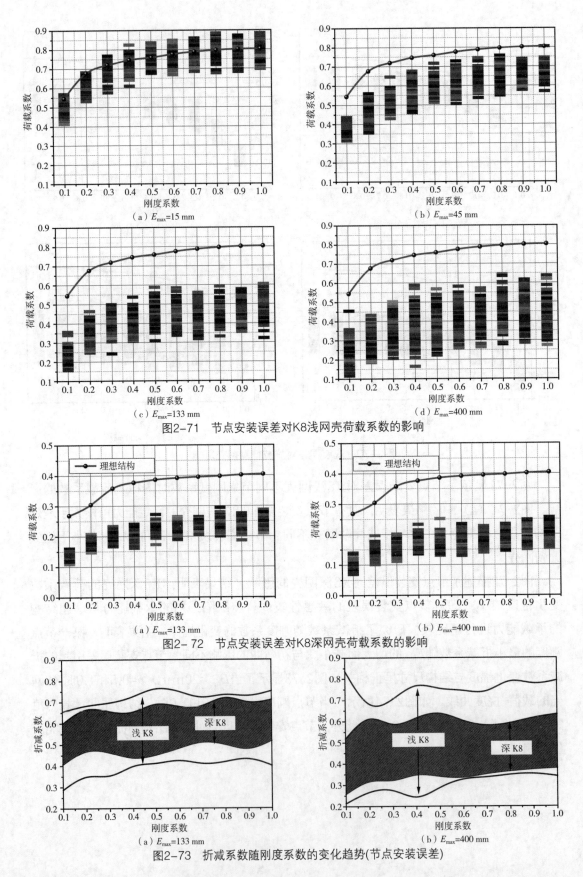

（a）E_{max}=15 mm

（b）E_{max}=45 mm

（c）E_{max}=133 mm

（d）E_{max}=400 mm

图2-71 节点安装误差对K8浅网壳荷载系数的影响

（a）E_{max}=133 mm

（b）E_{max}=400 mm

图2-72 节点安装误差对K8深网壳荷载系数的影响

（a）E_{max}=133 mm

（b）E_{max}=400 mm

图2-73 折减系数随刚度系数的变化趋势(节点安装误差)

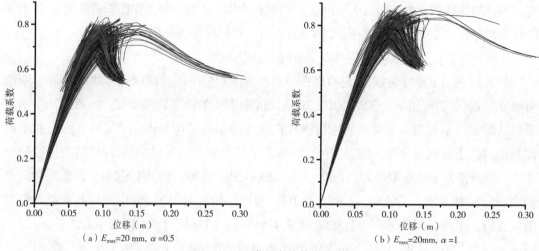

（a）$E_{max}=20$ mm，$\alpha=0.5$　　　（b）$E_{max}=20$mm，$\alpha=1$

图2-74　K8浅网壳荷载位移曲线

5.5　小结

本文提出了一种考虑构件随机初弯曲和节点安装误差的数值方法。该方法可以同时考虑初始弯曲的方向和大小的随机性以及节点刚度。该方法也可用于弹塑性分析，所提出的数值方法是基于一般有限元软件提出的。因此，可以避免烦琐的编程工作，研究人员和工作者可以方便地使用。

分析了构件初始曲率和节点安装误差对施威德勒网壳和K8网壳稳定承载能力的影响。进一步研究了结构尺寸对稳定性的影响。结果表明，初始曲率方向对K8网壳的影响可以忽略不计；初始曲率和节点安装误差的影响与节点刚度有关；与初弯曲的影响不同，由节点安装误差引起的折减系数的变化范围与结构尺寸呈正相关。

6　随机安装误差影响下稳定系数概率分布

6.1　凯威特单层网壳稳定性的研究

6.1.1　网壳结构的选型

球面网壳有多种网格划分形式,本文以凯威特K6型大跨度单层网壳结构为例进行研

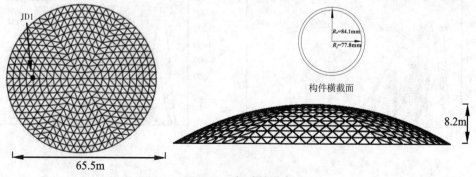

图2-75　凯威特网壳

究，网壳的杨氏模量为$2.1×10^5$MPa，屈曲载荷为345MPa。网壳如图2-75所示，在本文的有限元分析中网壳每个节点施加2000kN的力，每根杆件被分割为20份。

6.1.2　杆件初弯曲对网壳稳定承载能力的影响

假定网壳无节点安装误差，只考虑在节点刚度的影响下，单层网壳杆件初弯曲v_{m0}取值分别为$l/1000$、$10l/1000$、$50l/1000$、$100l/1000$时网壳的概率屈曲分布，如图2-76所示。显然从图中可以看出，无论节点刚度和杆件初弯曲幅值如何变化，单层网壳的屈曲系数都满足对数正态概率分布。图2-76（a）给出了节点刚度为0.1时单层网壳屈曲系数分布曲线，当杆件初始弯曲取值为$l/1000$、$10l/1000$、$50l/1000$、$100l/1000$时，屈曲系数的对数均值分别为-2.33、-2.26、-2.62、-3.03，与杆件初弯曲为$l/1000$时的屈曲系数对数均值做比较，可得下降度分别为1.35%、17.49%、35.87%；当节点刚度系数为0.3时，下降度分别为2.60%、33.33%、56.25%；节点刚度为0.5时，下降度为3.26%、32.61%、55.98%；节点刚度为1.0时，下降度为2.23%、29.61%、52.51%。可以看出无论节点刚度取何值，随杆件初弯曲缺陷的增大，网壳稳定承载能力显著降低，尤其是当杆件初弯曲幅值增大到$100l/1000$时，屈曲系数对数均值下降到初弯曲值为$l/1000$时的一半，因此在实际工程中应将杆件初弯曲控制在$l/1000$之内。当杆件初弯曲为$l/1000$，刚度系数为0.1、0.3、0.5、1.0时，屈曲系数对数均值分别为-2.23、-1.92、-1.84、-1.79，与刚度为0.1时的屈曲系数对数均值做比较，上升度分别为13.90%、17.49%、19.73%；杆件初弯曲

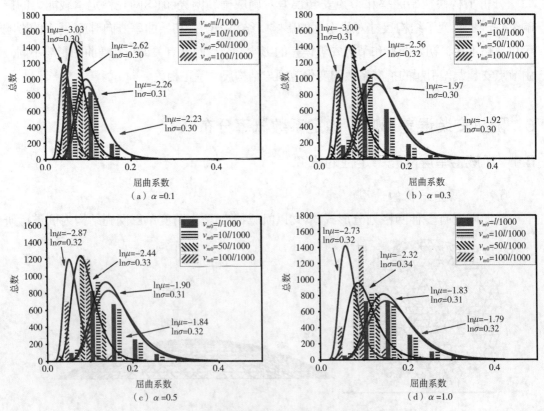

图2-76　杆件初弯曲v_{m0}对屈曲稳定性的影响

为$10l/1000$时，上升度为12.83%、15.93%、19.03%；杆件初弯曲为$50l/1000$时，上升度为2.29%、6.87%、11.45%；杆件初弯曲为$100l/1000$时，上升度为0.99%、5.28%、9.90%.由此可知当杆件初弯曲为定值时，节点刚度越大网壳稳定承载能力越强，但是当杆件初弯曲大于$50l/1000$后节点刚度对网壳稳定性能的提高作用就越来越不明显了。因此，在实际工程中为有效提高单层网壳的稳定承载能力，在条件允许的情况下应以控制杆件初弯曲幅值为主。

为更好地研究屈曲系数与节点刚度之间的关系，绘制了屈曲系数对数均值和对数标准差与节点刚度之间的关系曲线，如图2-77所示。由图2-77（a）可以清晰地看到，网壳的屈曲系数随节点刚度的增大而增大,且随着杆件初弯曲的增大，对应曲线也由上到下依次分布，当杆件初弯曲为$l/1000$和$10l/1000$时，屈曲系数随节点刚度变化的曲线互相平行且几乎重合，也就是说当杆件初弯曲幅值由$l/1000$变化到$10l/1000$时，网壳极限承载能力不随杆件初弯曲值的变化而变化。由图2-77（b）可知节点刚度和杆件初弯曲的大小与网壳屈曲系数的对数标准差之间没有相关性，无论节点刚度和杆件初弯曲怎么变化，对数标准差都近似为0.31。

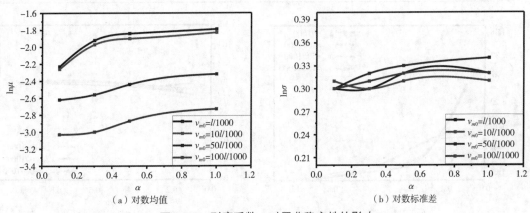

（a）对数均值　　　　　　　　　　　　（b）对数标准差

图2-77　刚度系数α对屈曲稳定性的影响

以上对网壳屈曲系数的描述和分析，只是基于图像的规律描述，只阐述了图像的直观表象，在实际工程中使用起来不方便、不准确，为了更加准确方便地研究半刚性对网壳屈曲稳定承载能力的影响，将屈曲系数的对数均值、对数标准差分别做了对应初弯曲下刚性连接网壳的归一化处理，得到对数均值和对数标准差随刚度变化的折减系数曲线，如图2-78所示。考虑到实际工程对钢构件的平直度要求，以下只对杆件初弯曲最大幅值为$l/1000$和$10l/1000$时的折减系数曲线公式进行研究。由图2-78（a）可以观察到，当杆件初弯曲为$l/1000$和$10l/1000$时，折减系数η随刚度系数α的变化曲线几乎是重合的。为得到准确度高的工程指导公式，分两种情况进行公式拟合，得到结果如下：

当刚度小于0.3时，初弯曲为$l/1000$的曲线处于初弯曲为$10l/1000$的上方；当刚度系数为0.3~1.0时情况刚好相反，为提高参考公式的准确性，取其最不利情况则：

$$\eta = A_1 \cdot exp(-\alpha/t_1) + \eta_1 \qquad (2-36)$$

公式的参数取值由表2-1所示，在实际工程中可以根据不同的工况选择合适的参考公式。由图2-78（b）可以看出对不同工况下的对数标准差进行归一化处理后，曲线近似为一条取值为1的水平直线且在不同缺陷情况下的曲线都重合，因此，无论在什么工况下对数标准差取值均为0.31。则网壳在初弯曲幅值为$l/1000$和$10l/1000$时，随节点刚度的不同取值，网壳屈曲系数就满足对数均值为$ln\eta = \eta \cdot \varepsilon$[其中$\eta$由公式（2-36）计算得到；$\varepsilon$为网壳刚度系数为1.0时的屈曲荷载系数]，对数标准差为$ln\sigma = 0.31$的对数正态分布，表示为：

$$Y = ln(x) \sim N\left(ln\mu, (ln\sigma)^2\right)$$

概率密度函数为：

$$f(x) = \frac{1}{x \, lh\sigma \sqrt{2\pi}} exp\left[-\frac{1}{2}\left(\frac{lnx - ln\mu}{ln\sigma}\right)^2\right] \qquad (2-37)$$

表2-1　折减系数η的曲线拟合公式参数

v_{m0}	α	A_1	t_1	η_1
$v_{m0} \leqslant 10l/1000$	<0.3	0.444	0.167	1.001
	0.3~1.0	0.395	0.188	1.002

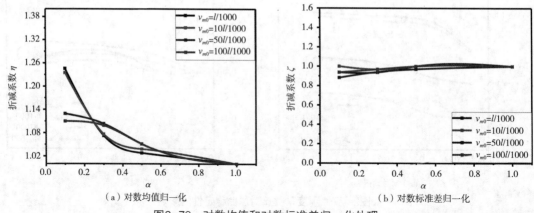

（a）对数均值归一化　　　　　　　　　（b）对数标准差归一化

图2-78　对数均值和对数标准差归一化处理

6.1.3　杆件随机初弯曲对网壳稳定承载能力的影响

网壳杆件的初弯曲是由于厂家生产误差、施工工序、测量技术、设备安装等等不确定因素所导致的，具有初弯曲幅值大小和弯曲方向的不确定性，故在结构稳定承载能力评估过程中考虑杆件随机初弯曲才更符合实际工况。本文通过在构件跨中位置指定初始缺陷值v_{m0}，再利用ANSYS提供的均匀分布函数RAND生成在区间[0,1]内均匀分布的随机数，以考虑杆件初弯曲的随机性，对不同工况的网壳分别进行2000次非线性屈曲分析得到如图2-79所示的概率分布曲线。与无随机杆件初弯曲的网壳一样，进行多次迭代计算得到的载荷屈曲系数都满足对数正态分布，图2-79（a）给出了节点刚度为0.1时单层网壳屈曲系数分布曲线，当杆件初始弯曲取值为$l/1000$、$10l/1000$、$50l/1000$、$100l/1000$时，屈曲系数对数均值分别为-2.33、-2.66、-2.62、-3.01，与杆件初弯曲为$l/1000$时的屈曲系数对数均值做对比，下降度分别为1.35%、17.49%、35.22%；当节点刚度系数为0.3时，下降度分别为2.09%、19.37%、38.22%；节点刚度为0.5时，下降度为1.62%、17.30%、36.22%；节点刚度为1.0时，下降度为1.12%、16.20%、35.64%。可以看出无论节点刚度取何值，随杆件初弯曲缺陷的增大，网壳稳定承载力显著降低，尤其是当杆件初弯曲幅值超过50l/1000后，承载力屈曲系数明显下降。

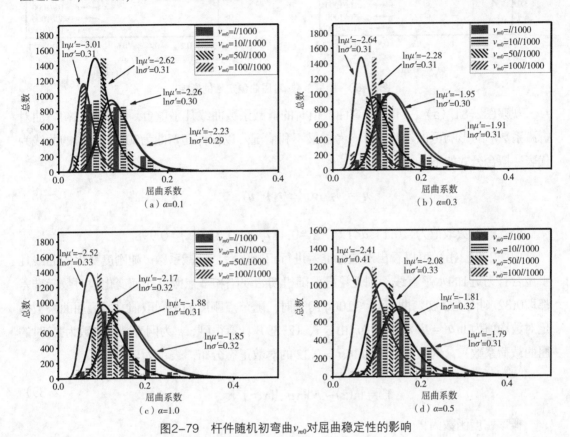

图2-79 杆件随机初弯曲v_{m0}对屈曲稳定性的影响

当杆件初弯曲为l/1000，刚度系数为0.1、0.3、0.5、1.0时，屈曲系数对数均值分别为-2.23、-1.91、-1.85、-1.79，相对于刚度为0.1时的屈曲系数对数均值上升度分别为14.35%、17.04%、19.73%；杆件初弯曲为10l/1000时，上升度为13.72%、16.81%、19.91%；杆件初弯曲为50l/1000时，上升度为12.98%、17.18%、20.61%；杆件初弯曲为100l/1000时，上升度为12.29%、16.28%、19.93%。由此可见随节点刚度的增大网壳屈曲系数上升明显，但由图2-80（a）可以看出，不同工况下的曲线为3条近乎平行的曲线，与不考虑杆件初弯曲的随机性不同，当杆件初弯曲幅值增大到50l/1000后，节点刚度对网壳稳定性的影响还是比较明显的，不会出现断崖式降低。因此，考虑杆件初弯曲的随机性时，能提高节点刚度对网壳稳定性的影响能力。

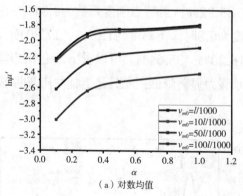 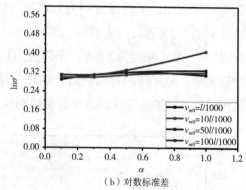

（a）对数均值　　　　　　　　　　　（b）对数标准差

图2-80　刚度系数α对屈曲稳定性的影响

观察图2-81（a），不同初弯曲取值时的折减系数曲线几乎重合，杆件随机初弯曲对折减系数η′的影响可以忽略不计，考虑最不利情况，以杆件初弯曲为50l/1000时的曲线为代表。拟合公式如下：

$$\eta' = A_2 \cdot exp(\alpha/t_2) + \eta_2 \tag{2-38}$$

公式的参数取值为：$0.1 \leqslant \alpha < 1.0$，$A_2 = 0.417$，$t_2 = 0.212$，$\eta_2 = 0.998$。

由图2-81（b）可以看出对数标准差进行归一化后，折减系数μ′随刚度变化的曲线几乎重合且为近1的水平直线，则无论杆件随机初始缺陷和节点刚度如何变化，对数标准差都取0.32.则网壳在初弯曲值$v_{m0} \leqslant 100l/1000$时，随节点刚度的不同取值，网壳屈曲系数满足对数均值为$\ln\mu' = \eta' \cdot \varepsilon'$（其中η′由公式（2-39）计算得到；ε′为网壳刚度系数为1.0时的屈曲载荷系数），对数标准差为$\ln\sigma' = 0.32$的对数正态分布，表示为：

$$Y' = \ln(x) \sim N\left(\ln\mu', \left(\ln\sigma'\right)^2\right) \tag{2-39}$$

概率密度函数为：

$$f(x)' = \frac{1}{x\ln\sigma'\sqrt{2\pi}} exp\left[-\frac{1}{2}\left(\frac{\ln x - \ln\mu'}{\ln\sigma'}\right)^2\right] \tag{2-40}$$

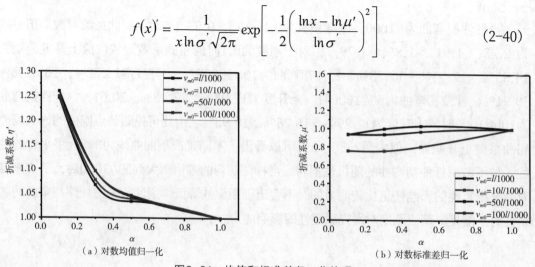

（a）对数均值归一化　　　　　　　　　（b）对数标准差归一化

图2-81　均值和标准差归一化处理

6.1.4 杆件初弯曲与杆件随机初弯曲对网壳稳定承载能力影响的对照分析

将图2-76和图2-79和中网壳屈曲系数概率分布曲线的对数均值收集归纳如表2-2所示，可以发现当考虑杆件初弯曲幅值的随机性时，无论节点刚度如何变化，网壳的稳定承载能力几乎都提高。当杆件初弯曲值为$l/1000$节点刚度为0.1、0.3、0.5、1.0时，上升度分别为4.29%、0.52%、-0.54%、0；当杆件初弯曲值为$10l/1000$时，上升度分别为0、1.02%、1.05%、1.09%。因此，当杆件初弯曲值$v_{m0}\leqslant10l/1000$时，杆件初弯曲的随机性对网壳屈曲系数分布的对数值几乎没有影响，此时分析单层网壳的安全性可以不考虑杆件初弯曲幅值的随机性，按照无随机性的网壳模型来进行分析足矣。当杆件初弯曲值为$50l/1000$时，上升度分别为0、10.94%、11.07%、10.34%；当杆件初弯曲值为$100l/1000$时，上升度分别为0.66%、12.00%、12.20%、11.72%。则当杆件初弯曲幅值$50l/1000\leqslant v_{m0}\leqslant100l/1000$且刚度系数$0.3\leqslant\alpha\leqslant1.0$时，$\ln\mu'$相对于$\ln\mu$的上升度在区间在[10.34%，12.20%]内变化，此时应考虑杆件初弯曲幅值的随机性

表2-2 考虑杆件初弯曲与杆件随机初弯曲对网壳屈曲稳定性的影响对照表

杆件初弯曲幅值 v_{m0}	节点刚度系数 α	无杆件随机初弯曲的网壳屈曲系数对数均值 $\ln\mu$	有杆件随机初弯曲的网壳屈曲系数对数均值 $\ln\mu'$	考虑杆件随机性的对数值相对于无随机性的上升度
$l/1000$	0.1	−2.33	−2.23	4.29%
	0.3	−1.92	−1.91	0.52%
	0.5	−1.84	−1.85	−0.54%
	1.0	−1.79	−1.79	0
$10l/1000$	0.1	−2.26	−2.26	0
	0.3	−1.97	−1.95	1.02%
	0.5	−1.90	−1.88	1.05%
	1.0	−1.83	−1.81	1.09%
$50l/1000$	0.1	−2.62	−2.62	0
	0.3	−2.56	−2.28	10.94%
	0.5	−2.44	−2.17	11.07%
	1.0	−2.32	−2.08	10.34%
$100l/1000$	0.1	−3.03	−3.01	0.66%
	0.3	−3.00	−2.64	12.00%
	0.5	−2.87	−2.52	12.20%
	1.0	−2.73	−2.41	11.72%

6.2 小结

本文通过引入一种考虑杆件随机初始曲率和节点刚度的数值方法，深入研究了杆件随机初弯曲和节点半刚性的耦合作用，对凯威特K6型单层大跨度网壳的稳定承载能力的影响，深入剖析了大跨度单层网壳的概率屈曲分布规律，得到如下结论：

①不同工况下网壳随机初弯曲对半刚性单层网壳的多次迭代屈曲载荷系数满足对数正态分布。

②将网壳不同工况下屈曲系数的对数均值、对数标准差分别做刚性连接网壳的归一化处理，得到对数均值和对数标准差随刚度变化的折减系数曲线，并拟合出了对数均值折减系数随刚度变化的曲线公式：$\eta=A_1\cdot\exp(-\alpha/t_1)+\eta_1$。

③考虑杆件初弯曲和节点刚度的耦合作用对网壳稳定性的影响时，随杆件初弯曲幅值

的增大，网壳稳定承载能力降低明显，特别是当$v_{m0} \geqslant 50l/1000$时，承载力屈曲系数明显下降，当杆件初弯曲为$l/1000$时，对稳定系数的影响很小基本可以忽略。

④网壳稳定承载能力与杆件初弯曲的大小、方向和节点刚度的大小及二者的耦合作用密切相关，当考虑杆件的随机性时能提高节点刚度对网壳稳定承载能力的影响，且杆件初弯曲与节点刚度共同作用时，杆件初弯曲占据主导地位，在实际工程中要严格控制网壳杆件的初始弯曲以保证网壳的安全性。

⑤当考虑杆件初弯曲的随机性时，网壳整体稳定承载能力相较于无随机性的网壳有所提高，尤其是当杆件初弯曲幅值$v_{m0} \geqslant 50l/1000$后，对数均值上升度能达到12.20%，此时应考虑随机性对网壳稳定性的影响；但当杆件初弯曲幅值$v_{m0} \leqslant 10l/1000$时，杆件随机性对网壳稳定性的影响很小基本可以忽略，此时可以不考虑杆件初弯曲的随机性。

第三章　树状结构数值找形方法

1　概述

树状结构因为其新颖的外形和较高的结构效率开始引起广大学者的广泛关注。细致的找形分析对于树状结构很重要，并且关于这种分析的适用方法很少。基于这一研究背景，提出了一种新的数值找形方法。本章首先提出了利用双单元数值模型的迭代过程对树状结构进行找形分析的数值分析方法。然后通过现有研究结果验证了这种方法的准确性和可靠性。将该方法应用于3种不同类型树状结构的找形分析，结果表明，该方法在树状结构找形分析方面非常有效。而且，该方法简便易懂，易于采用。

随着社会的发展、时代的进步，人们的思想也不再守旧。建筑师和工程师越来越重视自然，以改善我们的建筑环境。其中的一个例子就是树状结构，树状结构的分枝越多、跨度越大，形式也就越复杂。树状结构可以将大范围内的竖向荷载高效地传递到地面上的一点，从而被广泛应用于大型建筑结构当中。如图1-2 树状结构工程实例所示的斯图加特机场T3候机楼，柱子支撑着大跨度结构的屋顶、体育场顶盖、桥梁的支撑点。在圣家族大教堂（Sagrada Familia）的设计中也大量使用了树状柱，柱子多次分生出枝杈，支撑着高低错落的拱顶，托起教堂内部巨大的空间。Fort Worth现代艺术馆采用了清水混凝土Y形柱构件有助于减小屋面结构的跨度。直立的Y形清水构件、轻薄的混凝土屋面平板形成简洁大方的建筑效果。堡尚茨利户外餐厅是卡拉特拉瓦在1988年设计的一个小规模项目。用钢材和玻璃模拟的树状结构，结构总高12m，由4根纤细的树状分叉柱支撑。每根柱顶有4片自动控制、可折叠的玻璃方格，通过8条铰链连接，根据天气情况控制折叠或开启等等。由于美观的造型，树状结构往往成为地标性建筑，尤其是大跨度结构。由于其良好的力学性能，国内外很多学者已对其进行了研究。

目前关于树状结构的主要问题就是通过找形分析来寻求最合理的受力形式。树状结构的形态与结构的力学性质有关，而如何使结构受力更加合理，值得我们广泛地关注和研究。

树状结构因为高效的结构利用率而得到了广泛的应用。这是因为这种结构中的构件主要仅受到拉伸或压缩作用。因此，通过合理地安排布置树状结构各个分枝的空间位置，可以使树状结构各个构件只受拉力或者压力的作用，然后就可以实现更小的横截面积。

我们应详细地进行找形分析，找出最优的树状结构形式。目前，许多学者研究了树状结构找形分析的方法，Kolodziejczyk提出的通过将丝线模型浸在水中的找形方法，利用水的表面张力，推导出拟最小力路径，然后利用干丝线模型对树状结构进行了优化设计。

武岳提出的逆向递推找形法来进行树状结构的找形。在之前的找形分析主要的方法是试验法，然而试验法是耗时烦琐的，而且通过试验的方式不能应用于复杂的实际工程中。

随着计算技术的发展，数值方法引起了广大学者的广泛关注。von Buelow提出了一种基于遗传算法进行的找形分析。Hunt提出了一种假设树状结构的全部节点是铰接的数值方法。同时施加竖向滑动的虚拟支座来保持刚度矩阵正定。陈志华等人利用滑动索单元模拟索单元的纯拉特性，不管是二维还是三维的树状结构都可以用这种方法来分析。但是这种索单元需要繁重的编程工作，很难被广大的工程技术人员所掌握。找形分析是树状结构设计中的第一步，虽然有关树状结构的找形方法已有很多，但目前还没有一种能有效解决找形问题的方法。

所要探讨的研究就基于这种研究背景被提了出来，本节提出了一种新型树状结构找形分析的数值方法。首先验证这种方法的准确性和可靠性，然后将这种方法应用到不同种类的树状结构中。

2 双单元数值找形法的提出

2.1 双单元法基本思想

本章提出利用双单元模型模拟丝线的方法，双单元的每个线单元由两个单元组成，即杆单元和梁单元。杆单元的横截面积远大于梁单元，给梁单元赋予一个很小的抗弯刚度，以克服双单元树状模型由于刚度矩阵不满秩而导致的无法解决的问题。由于具有很小的抗弯刚度，双单元可以很好地模拟丝线模型。

2.2 双单元法

丝线模型经常被用于逆向递推找形法。因为丝线模型只能承受轴向拉力作用，得到的树状结构形态自然不会有弯矩的存在，而且导出的形式是与给定荷载对应的最优形式。为了模拟丝线的力学性能，提出了利用双单元模型模拟丝线的方法。在本实施方式中，假定树状结构的每一个构件由两个单元组成，即只有抗弯刚度的梁单元和没有抗弯刚度的梁单元。杆单元的横截面积远大于梁单元，梁单元的抗弯刚度远大于杆单元。在找形分析中，降低抗弯刚度以减小抗弯刚度的影响，因此梁单元可以更好地模拟丝线模型（图3-1）。

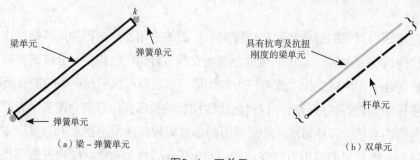

（a）梁-弹簧单元　　　　　　　　　　　　　（b）双单元

图3-1　双单元

利用通用有限元软件ANSYS，得到了结构的荷载-位移曲线。在ANSYS中，首先采用普通梁单元（BEAM4）建立了双构件结构。BEAM4是一种具有拉伸、压缩、扭转和弯曲功能的单轴单元。这种单元在每个节点上有6个自由度U_i，Rot_i：在节点x、y和z方向上的平移以及在节点x、y和z轴上的旋转。BEAM4在单元坐标系中的平衡方程和刚度矩阵在公式（3-1）中给出：

$$F = \begin{bmatrix} F_x \\ F_y \\ F_z \\ M_x \\ M_y \\ M_z \\ F_x^{'} \\ F_y^{'} \\ F_z^{'} \\ M_x^{'} \\ M_y^{'} \\ M_z^{'} \end{bmatrix} = \begin{bmatrix} K_e \end{bmatrix} \begin{bmatrix} u_x \\ u_y \\ u_z \\ \theta_x \\ \theta_y \\ \theta_z \\ u_x^{'} \\ u_y^{'} \\ u_z^{'} \\ \theta_x^{'} \\ \theta_y^{'} \\ \theta_z^{'} \end{bmatrix} = \begin{bmatrix} AE/L & 0 & 0 & 0 & 0 & 0 & -AE/L & 0 & 0 & 0 & 0 & 0 \\ 0 & a_z & 0 & 0 & 0 & c_z & 0 & -a_z & 0 & 0 & 0 & c_z \\ 0 & 0 & a_y & 0 & -c_y & 0 & 0 & 0 & -a_y & 0 & -c_y & 0 \\ 0 & 0 & 0 & CJ/L & 0 & 0 & 0 & 0 & 0 & -CJ/L & 0 & 0 \\ 0 & 0 & -c_y & 0 & e_y & 0 & 0 & 0 & 0 & 0 & f_y & 0 \\ 0 & c_z & 0 & 0 & 0 & e_z & 0 & -c_z & 0 & 0 & 0 & f_z \\ -AE/L & 0 & 0 & 0 & 0 & 0 & AE/L & 0 & 0 & 0 & 0 & 0 \\ 0 & -a_z & 0 & 0 & 0 & -c_z & 0 & a_z & 0 & 0 & 0 & -c_z \\ 0 & 0 & -a_y & 0 & c_y & 0 & 0 & 0 & a_y & 0 & c_y & 0 \\ 0 & 0 & 0 & -CJ/L & 0 & 0 & 0 & 0 & 0 & CJ/L & 0 & 0 \\ 0 & 0 & -c_y & 0 & f_y & 0 & 0 & 0 & c_y & 0 & e_y & 0 \\ 0 & c_z & 0 & 0 & 0 & f_z & 0 & -c_z & 0 & 0 & 0 & e_z \end{bmatrix} \quad (3\text{-}1)$$

其中A、E、L、G、J和$F_{x\,(y、z)}$分别是x（y、z）方向的横截面积、杨氏模量、单元长度、剪切模量、惯性扭转力矩和外力。

$$a_{y(z)} = \frac{12EI_{y(z)}}{L^3(1+\phi_{z(y)})}, \quad c_{y(z)} = \frac{6EI_{y(z)}}{L^2(1+\phi_{z(y)})}$$

$$e_{y(z)} = \frac{(4+\phi_{z(y)})EI_{y(z)}}{L(1+\phi_{z(y)})}, \quad \phi_{z(y)} = \frac{12EI_{y(z)}}{GA_{y(z)}^s L^2} \quad (3\text{-}2)$$

$$F = \begin{bmatrix} F_x \\ F_y \\ F_z \\ M_x \\ M_y \\ M_z \\ F_x^{'} \\ F_y^{'} \\ F_z^{'} \\ M_x^{'} \\ M_y^{'} \\ M_z^{'} \end{bmatrix} = \begin{bmatrix} K_{\text{BEAM}} \end{bmatrix} \begin{bmatrix} u_x \\ u_y \\ u_z \\ \theta_x \\ \theta_y \\ \theta_z \\ u_x^{'} \\ u_y^{'} \\ u_z^{'} \\ \theta_x^{'} \\ \theta_y^{'} \\ \theta_z^{'} \end{bmatrix} = \begin{bmatrix} 0 & 0 & 0 & 0 & 0 & 0 & 0 & 0 & 0 & 0 & 0 & 0 \\ 0 & 0 & 0 & 0 & 0 & c_z & 0 & 0 & 0 & 0 & 0 & c_z \\ 0 & 0 & 0 & 0 & -c_y & 0 & 0 & 0 & 0 & 0 & -c_y & 0 \\ 0 & 0 & 0 & 0 & 0 & 0 & 0 & 0 & 0 & 0 & 0 & 0 \\ 0 & 0 & 0 & 0 & e_y & 0 & 0 & 0 & 0 & 0 & f_y & 0 \\ 0 & 0 & 0 & 0 & 0 & e_z & 0 & 0 & 0 & 0 & 0 & f_z \\ 0 & 0 & 0 & 0 & 0 & 0 & 0 & 0 & 0 & 0 & 0 & 0 \\ 0 & 0 & 0 & 0 & 0 & -c_z & 0 & 0 & 0 & 0 & 0 & -c_z \\ 0 & 0 & 0 & 0 & 0 & 0 & 0 & 0 & 0 & 0 & c_y & 0 \\ 0 & 0 & 0 & 0 & 0 & 0 & 0 & 0 & 0 & 0 & 0 & 0 \\ 0 & 0 & 0 & 0 & f_y & 0 & 0 & 0 & 0 & 0 & e_y & 0 \\ 0 & 0 & 0 & 0 & 0 & f_z & 0 & 0 & 0 & 0 & 0 & e_z \end{bmatrix} \begin{bmatrix} u_x \\ u_y \\ u_z \\ \theta_x \\ \theta_y \\ \theta_z \\ u_x^{'} \\ u_y^{'} \\ u_z^{'} \\ \theta_x^{'} \\ \theta_y^{'} \\ \theta_z^{'} \end{bmatrix} \quad (3\text{-}3)$$

I_i是关于i方向的惯性矩，$As_{y(z)}$是垂直于y（z）方向轴的剪切面积。对于双单元抗弯刚度的梁单元，只有通过设置实常数来分配抗弯刚度。公式（3-1）给出了该单元在单元坐标系下的平衡方程和刚度矩阵。由于双单元中没有带有抗弯刚度的梁单元，在ANSYS中也是BEAM4单元，但弯曲刚度设定值很小，可以将梁单元假定为杆单元。公式（3-3）给出了该单元在单元坐标系下的平衡方程和刚度矩阵。

$$F = \begin{bmatrix} F_x \\ F_y \\ F_z \\ M_x \\ M_y \\ M_z \\ F_x' \\ F_y' \\ F_z' \\ M_x' \\ M_y' \\ M_z' \end{bmatrix} = [K_e] \begin{bmatrix} u_x \\ u_y \\ u_z \\ \theta_x \\ \theta_y \\ \theta_z \\ u_x' \\ u_y' \\ u_z' \\ \theta_x' \\ \theta_y' \\ \theta_z' \end{bmatrix} = \begin{bmatrix} AE/L & 0 & 0 & 0 & 0 & 0 & -AE/L & 0 & 0 & 0 & 0 & 0 \\ 0 & a_z & 0 & 0 & 0 & 0 & 0 & -a_z & 0 & 0 & 0 & 0 \\ 0 & 0 & a_y & 0 & 0 & 0 & 0 & 0 & -a_y & 0 & 0 & 0 \\ 0 & 0 & 0 & GJ/L & 0 & 0 & 0 & 0 & 0 & -GJ/L & 0 & 0 \\ 0 & 0 & -c_y & 0 & 0 & 0 & 0 & 0 & c_y & 0 & 0 & 0 \\ 0 & c_z & 0 & 0 & 0 & 0 & 0 & -c_z & 0 & 0 & 0 & 0 \\ -AE/L & 0 & 0 & 0 & 0 & 0 & AE/L & 0 & 0 & 0 & 0 & 0 \\ 0 & -a_z & 0 & 0 & 0 & 0 & 0 & a_z & 0 & 0 & 0 & 0 \\ 0 & 0 & -a_y & 0 & 0 & 0 & 0 & 0 & a_y & 0 & 0 & 0 \\ 0 & 0 & 0 & -GJ/L & 0 & 0 & 0 & 0 & 0 & GJ/L & 0 & 0 \\ 0 & 0 & -c_y & 0 & 0 & 0 & 0 & 0 & c_y & 0 & 0 & 0 \\ 0 & c_z & 0 & 0 & 0 & 0 & 0 & -c_z & 0 & 0 & 0 & 0 \end{bmatrix} \begin{bmatrix} u_x \\ u_y \\ u_z \\ \theta_x \\ \theta_y \\ \theta_z \\ u_x' \\ u_y' \\ u_z' \\ \theta_x' \\ \theta_y' \\ \theta_z' \end{bmatrix} \quad (3\text{-}4)$$

在两端的两个单元共享相同的节点，因此两个单元的位移矢量相等，所以公式（3-4）等于公式（3-2）加上公式（3-3）。双单元中的梁单元只包含抗弯刚度，可以方便地进行调整，以减小抗弯刚度的影响。

3 找形分析数值方法的应用

3.1 数值计算流程

采用双单元法对树状结构的构件进行模拟，因此建立出来的数值模型更像是一个线模型。在此基础上，提出了以通用有限元程序ANSYS为基础的迭代程序。值得注意的是，所提出的方法可以使用任何有限元软件进行模拟分析。基于逆吊递推方法的基本思想，在上方施加指定的荷载，然后进行静力分析，可以得出节点位移。当节点位移大于允许误差时，说明推导出的树状结构形式不是最优形式，然后继续迭代过程，进行找形分析。允许误差可以根据实际结构的需要进行确定，对于大型

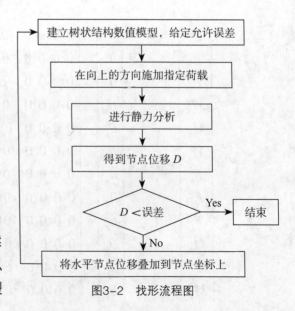

图3-2 找形流程图

结构，允许误差可以设置较大，这样可以减少迭代过程。

对于一般工程，允许误差可以参照《钢结构工程施工质量验收规范》，可以设为 $L/1000$，其中 L 是树状结构分枝长度。收敛准则以默认收敛准则为准，即力、力矩和位移的公差收敛值设为0.005（0.5%）（图3-2）。

3.2　数值方法的验证

采用双单元法对平面和空间树状结构进行找形分析。可以通过人为的方式增加杆单元的刚度来最大限度地减小构件在树状结构中的轴向变形。这样，构件在轴向力作用下的变形就可以忽略不计了。反之，截面惯性矩减小，则构件在弯矩作用下的变形可以达到最大

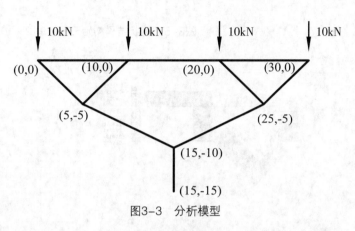

图3-3　分析模型

化。为了达到简化的目的，通常采用图3-3所示的分析模型进行验证。本节中还采用这种简化的方法对提出的找形方法的精度和有效性进行了验证。

本节研究了抗弯刚度对收敛性的影响，将杆单元的截面面积设为 $0.001m^2$，则树状结构不同惯性矩的内力分布如图3-4~图3-6所示。

如图3-7所示，得出构件的弯矩和找形分析前后得出的节点位移。结果表明，找形后得到的弯矩远小于找形分析前得到的弯矩。同样，找形分析后得到的节点位移接近于零。这就表明，在给定的荷载作用下，树状结构中的构件主要受轴向力作用，并在荷载作用下处于平衡状态。

如图3-8所示，将通过计算找形后所得树状结构的最优形状与Hunt所得到的最优形状进行对比研究。从计算结果可以看出，计算所得结果与Hunt所得结果高度吻合，说明本节基于双单元的找形迭代程序具有很高的精度，同时具有很高的效率，验证了该方法的准确性和可靠性。

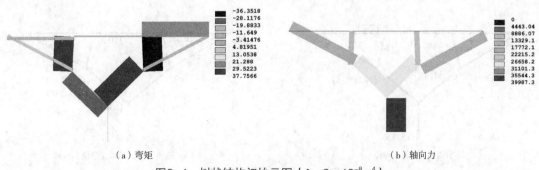

（a）弯矩　　　　　　　　　　　　　　（b）轴向力

图3-4　树状结构初始云图（$I = 2 \times 10^{-8} m^4$）

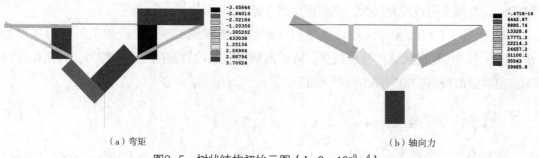

（a）弯矩　　　　　　　　　　（b）轴向力

图3-5　树状结构初始云图（$I = 2 \times 10^{-9} \text{m}^4$）

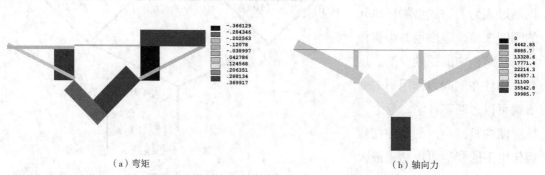

（a）弯矩　　　　　　　　　　（b）轴向力

图3-6　树状结构初始云图（$I = 2 \times 10^{-10} \text{m}^4$）

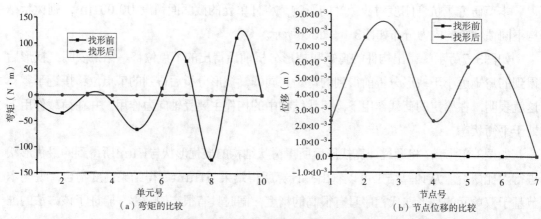

（a）弯矩的比较　　　　　　　　　　（b）节点位移的比较

图3-7　找形分析前后的结果比较

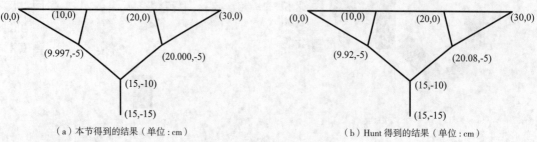

（a）本节得到的结果（单位：cm）　　　　　（b）Hunt得到的结果（单位：cm）

图3-8　提出的方法的验证

3.3　抗弯刚度对收敛性的影响

如图3-9所示的是双单元中梁单元的抗弯刚度的影响，结果表明，抗弯刚度越小，获得收敛结果所需的迭代次数就会越少。抗弯刚度较小的双单元更像是一根只能承受轴向力的线。当抗弯刚度设置为$2 \times 10^{-10} m^4$，则结果会在第93次迭代时收敛。但是抗弯刚度不能设置得无限小，要保证刚度矩阵是正定矩阵。如果构件的行为像一个链接单元，那么树状结构将变成一个不能支持负载的机制，就会失效。因此，抗弯刚度的最小容许值可以设置为$1 \times 10^{-10} m^4 \sim 1 \times 10^{-9} m^4$来确保构件的有效性和结果的收敛性。为了尽量减少迭代次数，可以根据上述提及树状结构，将线性刚度设置为$9 \times 10^{-10} m^4$，得出合理的抗弯刚度值。

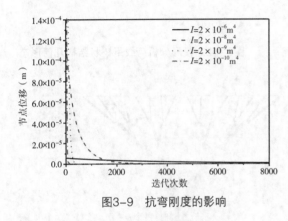

图3-9　抗弯刚度的影响

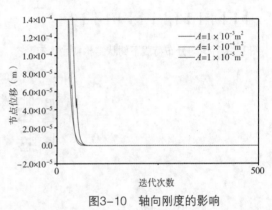

图3-10　轴向刚度的影响

3.4　轴向刚度对收敛性的影响

为了研究轴向刚度对收敛性的影响，截面面积分别设置为$1 \times 10^{-3} m^2$、$1 \times 10^{-4} m^2$和$1 \times 10^{-5} m^2$，抗弯刚度设置为$2 \times 10^{-10} m^4$。根据图3-10所示，可以得出结论，横截面积越小，收敛速度越快。这是因为截面积越小，变形越接近于树状结构的最优形式。

4　不同树状结构找形分析

4.1　平面树状结构

（1）均匀分布荷载

根据图3-11所示的树状结构进行找形分析。在本节中分析树状结构在均布荷载下的最优形式（图3-12）。在上弦杆上施加一个点荷载，大小为10kN，杨氏模量E设定为2.06×10^5MPa，并且进行了弹性分析，因此忽略了屈服强度。

为了减小轴向力引起的变形的影响，将截面面积设置为$0.1 m^2$，从而可以忽略构件的轴向变形。各构件内力大小如图3-13所示，从结果可以看出，最大弯矩出现在结构的底部构件上，其值为0.52N·m。底部构件的轴向力为159.3kN。由此可以得出，弯矩与轴向力相比可以忽略不计。本节提出的找形分析法得到的树状几何结构完全可以满足树状结构的要求。

在图3-11中标记出的节点18的位移与迭代次数曲线如图3-14所示。从图中可以看出，节点18的位移很快就减小为0。在节点18处构件的截面积分别设置为0.001m^2、

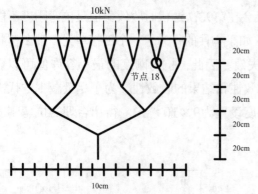

图3-11 均匀分布荷载下树状结构初始几何形态

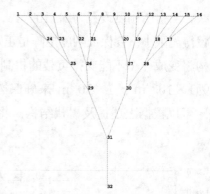

图3-12 找形分析荷载下树状结构几何形态

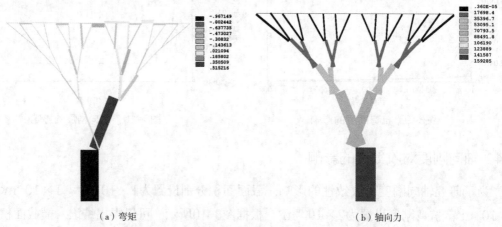

（a）弯矩 （b）轴向力

图3-13 树状结构的内力云图（$I=2\times10^{-10}$m^4）

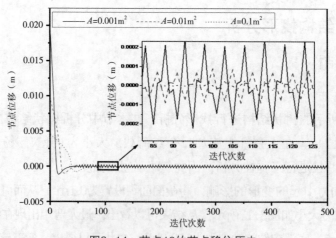

图3-14 节点18的节点移位历史

$0.01m^2$和$0.1m^2$。从计算结果可以看出，构件的截面积对结果的收敛影响还是比较大的。因为轴向变形会干扰结果的收敛。从图中的细节图上可以看出，一个很小的截面区域会加速收敛，但是会引起上下波动幅度加大的结果。从而可以得出一个结论，随着截面积的减小，振动更加剧烈。因此，应设置足够大的截面，以减小轴向变形的影响。

（2）不均匀分布荷载

采用本节提出的方法对非均匀分布荷载作用下的树状结构进行找形分析。如图3-15（a）和（c）所示，非均匀分布荷载分为两种情况，相应的优化形式如图3-15（b）和（d）所示。通过计算推导出的优化形式可以得出，荷载分布形式对结构几何形状有显著影响。如图3-16所示为树状结构的内力云图。在条件Ⅰ和Ⅱ下的最大弯矩分别为−0.12N·m和0.83N·m。从计算结果可以得出，与轴向力相比，树状结构的弯矩远远小于轴向力，以至于弯矩可以忽略不计，然后又验证了非均匀分布荷载作用下的结构形式具有较高的精度（图3-16）。

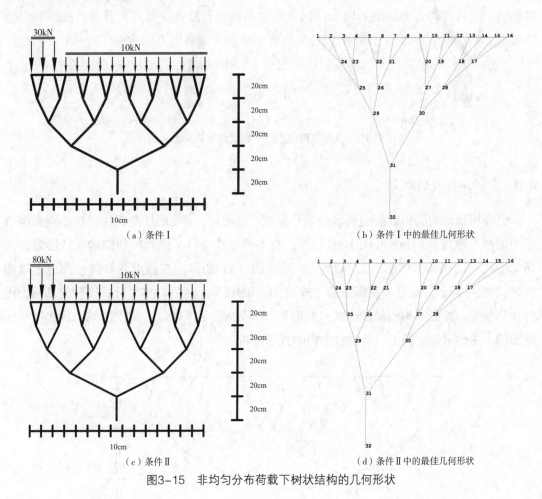

（a）条件Ⅰ （b）条件Ⅰ中的最佳几何形状

（c）条件Ⅱ （d）条件Ⅱ中的最佳几何形状

图3-15　非均匀分布荷载下树状结构的几何形状

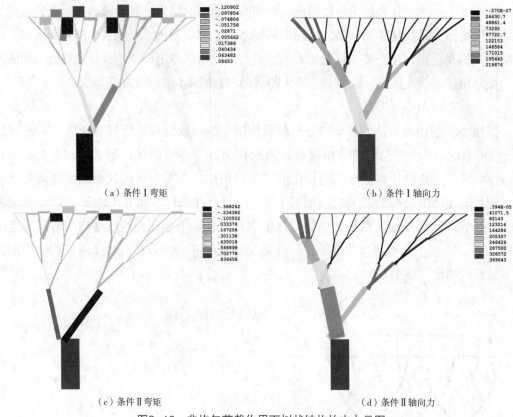

（a）条件Ⅰ弯矩　　　　　　　　　　　（b）条件Ⅰ轴向力

（c）条件Ⅱ弯矩　　　　　　　　　　　（d）条件Ⅱ轴向力

图3-16　非均匀荷载作用下树状结构的内力云图

4.2　组合树状结构

组合树状结构因为它们的新颖外观已经被广泛应用，例如图1-2树状结构工程实例所示的加拿大BCE宫Allen Lambert长廊。在本节中就进行了组合树状结构的找形分析，初始的几何结构图形如图3-17所示。如图3-18（a）所示，在顶部弦杆的一部分上施加80kN的集中荷载，在其他顶部弦杆上施加10kN的载荷。然后在这个分析模型的基础上进行找形分析，得到结构的最优形式，如图3-18（b）所示。所以，这次的结构优化证明所提出的方法也可以应用于组合树状结构的找形分析。

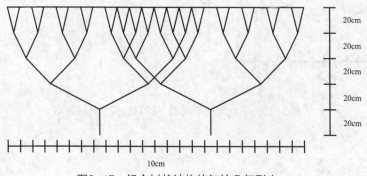

图3-17　组合树状结构的初始几何形态

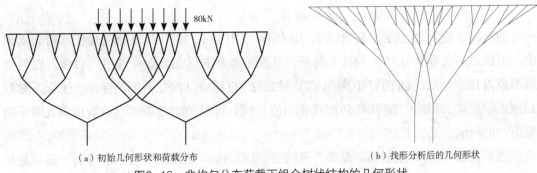

（a）初始几何形状和荷载分布　　　　　　　（b）找形分析后的几何形状

图3-18　非均匀分布荷载下组合树状结构的几何形状

4.3　空间树状结构

4.3.1　4-12-2分枝树状结构

以本节提出的方法为基础，对空间树状结构进行了分析。首先分析了均布荷载作用下的结构，空间树状结构的初始几何形状如图3-19（a）所示，它是通过环向复制前述的平面树结构而得到的。在上弦杆上施加10kN的点荷载，得到相应的优化几何模型如图3-19（b）所示，结构内部弯矩的分布如图3-19（c）所示，最大弯矩为0.001N·m。

然后分析了非均匀分布荷载作用下的空间树状结构。在位于上弦节点的一部分施加80kN的荷载，如图3-20（a）所示，其他节点施加10kN的荷载。在非均匀分布荷载作用下计算导出的最优形式如图3-20（b）所示。

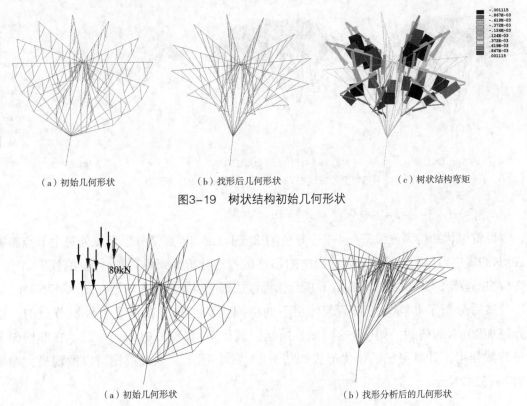

（a）初始几何形状　　　　　（b）找形后几何形状　　　　　（c）树状结构弯矩

图3-19　树状结构初始几何形状

（a）初始几何形状　　　　　　　　　　　　　（b）找形分析后的几何形状

图3-20　树状结构初始几何形状

4.3.2 5-6-4-4-4-2分枝树状结构

通过本节提出的方法，在Hunt、武岳等人提到的三级、四级分枝树状结构的基础上，继续进行五级树状结构的找形分析，设置树状结构为五级6-4-4-4-2分枝，在最外层节点处每个节点施加10kN的集中力。通过通用有限元程序ANSYS的建立模型如图3-21（a）所示，结构内部弯矩的分布如图3-21（c）所示，通过数据可以发现最大弯矩为41.8938N·m。

然后分析了非均匀分布荷载作用下的空间树状结构。在位于上弦节点的一部分施加80kN的荷载，如图所示，其他节点施加10kN的荷载。在非均匀分布荷载作用下计算导出的模型如图3-22（a）所示。通过数据可以发现最大弯矩为-106.968N·m。

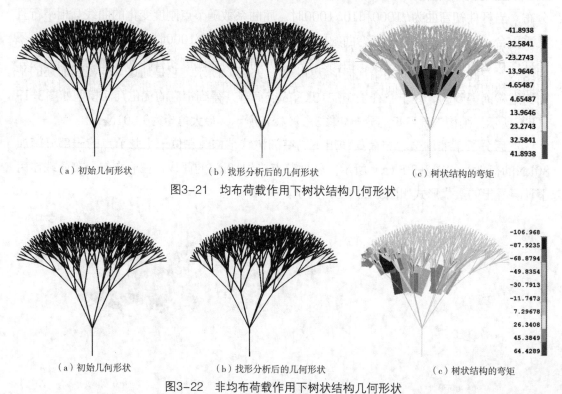

（a）初始几何形状　　　　　（b）找形分析后的几何形状　　　　　（c）树状结构的弯矩

图3-21　均布荷载作用下树状结构几何形状

（a）初始几何形状　　　　　（b）找形分析后的几何形状　　　　　（c）树状结构的弯矩

图3-22　非均布荷载作用下树状结构几何形状

4.3.3 5-6-4-4-2-2分枝树状结构

设置树状结构为五级6-4-4-2-2分枝[图3-23（a）]，在最外层节点处每个节点施加10kN的集中力。通过通用有限元程序ANSYS的找形分析得到图3-23（b）的找形结果，结构内部弯矩的分布如图3-23（c）所示，通过数据可以发现最大弯矩为20.4247N·m。

然后分析了非均匀分布荷载作用下的空间树状结构。在位于最外层节点的一部分施加80kN的荷载，如图3-24（a）所示，其他节点施加10kN的荷载。在非均匀分布荷载作用下计算导出的最优形式如图3-24（b）所示。通过数据可以发现最大弯矩为-68.5732N·m。

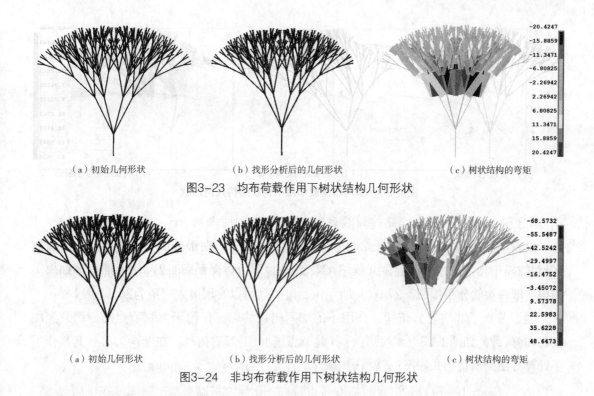

（a）初始几何形状　　　　（b）找形分析后的几何形状　　　　（c）树状结构的弯矩

图3-23　均布荷载作用下树状结构几何形状

（a）初始几何形状　　　　（b）找形分析后的几何形状　　　　（c）树状结构的弯矩

图3-24　非均布荷载作用下树状结构几何形状

4.3.4　5-6-4-2-2-2分枝树状结构

设置树状结构为五级6-4-2-2-2分枝[图3-25（a）]，在最外层节点处每个节点施加10kN的集中力。通过通用有限元程序ANSYS的找形分析得到图3-25（b）的找形结果，结构内部弯矩的分布如图3-25（c）所示，通过数据可以发现最大弯矩为14.7532N·m。

同样分析了非均匀分布荷载作用下的空间树状结构。在位于外层节点的一部分施加80kN的荷载，如图3-26（b）所示，其他节点施加10kN的荷载。在非均匀分布荷载作用下计算导出的最优形式如图3-26（c）所示。通过数据可以发现最大弯矩为63.7538N·m。

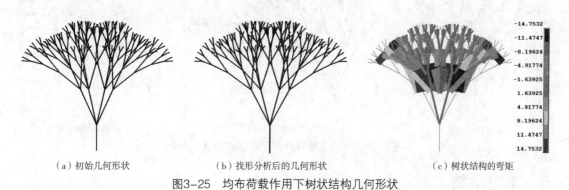

（a）初始几何形状　　　　（b）找形分析后的几何形状　　　　（c）树状结构的弯矩

图3-25　均布荷载作用下树状结构几何形状

（a）初始几何形状　　　　　（b）找形分析后的几何形状　　　　　（c）树状结构的弯矩

图3-26　非均布荷载作用下树状结构几何形状

4.3.5　5-6-2-2-2-2分枝树状结构

设置树状结构为五级6-2-2-2-2分枝[图3-27（a）]，在最外层节点处每个节点施加10kN的集中力。通过通用有限元程序ANSYS的找形分析得到图3-27（b）的找形结果，结构内部弯矩的分布如图3-27（c）所示，通过数据可以发现最大弯矩为20.1438N·m。

然后分析了非均匀分布荷载作用下的空间树状结构。在位于上弦节点的一部分施加80kN的荷载，如图3-28（a）所示，其他节点施加10kN的荷载。在非均匀分布荷载作用下计算导出的最优形式如图3-28（b）所示。

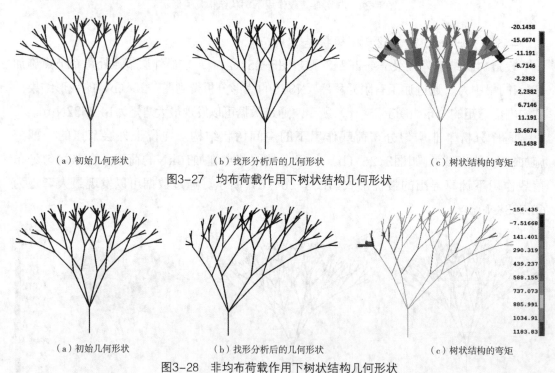

（a）初始几何形状　　　　　（b）找形分析后的几何形状　　　　　（c）树状结构的弯矩

图3-27　均布荷载作用下树状结构几何形状

（a）初始几何形状　　　　　（b）找形分析后的几何形状　　　　　（c）树状结构的弯矩

图3-28　非均布荷载作用下树状结构几何形状

5　本章小结

本章提出了一种新型树状结构的数值找形分析方法。介绍了双单元法，并且在利用双单元建立的树状结构数值模型的基础上，提出了树状结构的找形迭代程序。首次验证了该方法的准确性和可靠性，然后对3种不同类型的树状结构进行了找形分析。计算结果表明，所提出的数值计算方法对树状结构的分析具有很高的精度，同时也具有很高的效率。在给定荷载下，该树状结构的各个分枝主要受轴向力作用，弯矩很小可以忽略不计。计算导出的树状结构形态在规定荷载作用下处于平衡状态。提出的数值方法可以很快被工程设计人员掌握，避免了烦琐的编程工作。

第四章 树状结构的拓扑结构的建立

1 概述

树状结构的最重要特征是它们的构件在正常使用条件下只受到轴向力作用。树状结构设计中遇到的主要问题包括确定最合理的分枝形式以解决实际工程问题，以及优化树状结构中大量分枝的截面面积。树状结构的力学性能受其形态的影响，应适当布置树状结构中的分枝，使得它们仅受到拉力或压力。树状结构的横截面积可以减小以保持结构的屈曲能力。因此，树状结构的结构内力的有效性是值得关注的。许多研究者已经对树状结构的力学行为进行了研究。

树状结构设计中遇到的一个主要问题是在现有的通用有限元（FE）程序中建立拓扑结构。这个问题在现有文献中很少被提及，因为它不影响小尺度树状结构的设计。然而，这个问题应该在超过5个级别的分枝设计中被解决。

在实际工程中采用树状结构时，首先要考虑树状结构中各级分枝的合理配置。因此，确定最佳树状结构形式的找形分析是必要的。许多研究者已经研究了各种找形分析方法。例如，Kolodziejczyk利用浸在水中的丝线模型进行结构找形分析。

利用水面的张力导出了最小力值路径，利用干丝线模型来确定树状结构的最优形式。武岳提出了逆吊递推找形方法来对树状结构的形态优化。以往的找形分析主要应用试验方法。然而，这种方法耗时、烦琐，可能不适用于复杂的项目。基于所提出的数值逆吊方法，对树状结构的拓扑建立、找形和力学优化进行了研究。

随着计算技术的发展，数值方法已成为工程问题的主要分析方法，引起了众多研究者的关注。Von Buelow应用遗传算法（GA）进行找形分析，Hunt等人提出了一种数值方法，其中假定树状结构具有铰链连接，并在竖直方向上添加支撑以维持正刚度矩阵。张倩等人模拟索单元的张拉特性，以减小树状结构的弯矩。这些研究表明找形分析在树状结构研究和设计中的重要性。然而，没有一个单一的方法可以有效地解决树状结构设计中遇到的拓扑建立、找形和力学优化问题。

本节提出了一种基于通用有限元程序的拓扑建立方法，并用于找形分析。利用遗传算法优化构型后的树状结构的截面积。优化过程的主要目标是通过优化树状结构各级分枝截面积的组合来使整体结构的屈曲能力最大化。本节提出的方法可用于树状结构的系统设计、分析和优化。

2 拓扑结构建立方法

树状结构的构件可根据它们相对于树干的位置进行分类，如图4-1所示，从树干发芽的分枝被定义为一级分枝，并且从一级分枝分出来的构件被定义为第二级分枝。从第i级分枝中生长的分枝被定义为第（i+1）级分枝。拓扑建立前应注意的几组主要几何参数，如图4-2所示。

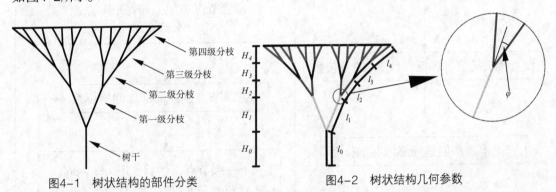

图4-1　树状结构的部件分类　　　　　　图4-2　树状结构几何参数

H_i表示垂直方向上的i级分枝的高度，H_0表示树干的高度。参数L_i表示分枝在其轴向方向上的第i级分枝的长度。参数φ表示一个分枝在轴向与其上一级分枝的夹角。

树状结构的连接也可以根据下层分枝的数量来分类，图4-3中示出了不同连接类型的示意图。当一个层次上的所有连接类型都相同时，一个树状结构的连接可以表示为A、B、C、D……

这里，A、B、C和D分别表示第一、第二、第三和第四级的连接类型。

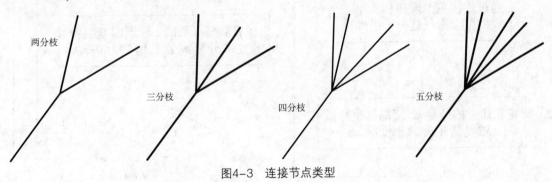

图4-3　连接节点类型

树状结构的拓扑结构可以根据上述几何参数用各种有限元程序生成。本节采用ANSYS参数化设计语言进行拓扑建立，拓扑建立的工作流程如图4-4、图4-5所示。

（1）平面表面拓扑建立流程图

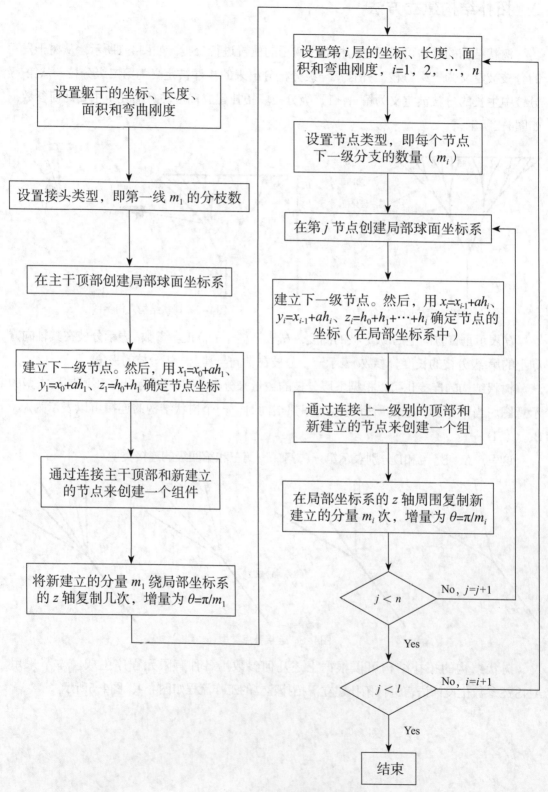

图4-4 平面表面拓扑建立流程图

（2）球面表面拓扑建立流程图

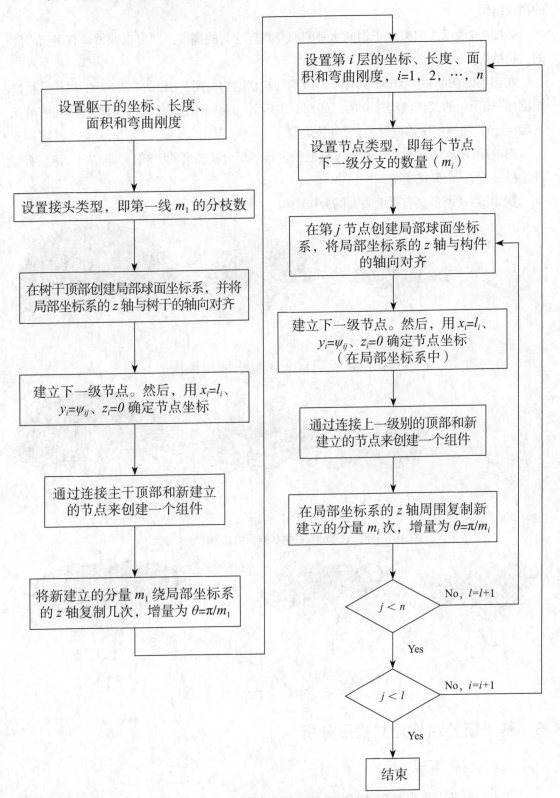

图4-5 球面表面拓扑建立流程图

如图4-6所示，如果属于相同水平的部件具有均匀的长度，则可以获得具有球形表面的树状结构。

如图4-7所示，如果属于相同水平的部件具有均匀的高度，则可以获得具有平面表面的树状结构。

在图4-6~图4-8中示出了具有不同级别的树状结构。图4-6和图4-7所示的树状结构是根据图4-5所示的工作流程建立的，如图4-3所示，图4-6所示的树状结构具有均匀的单元长度l=1m，所有连接都设置为4个分枝类型。

图4-7所示的树状结构的上层分枝的长度是下层分枝长度的0.8倍，即$l_i/l_{i-1}=0.8$。所有连接被设置为4个分枝类型。

例如图4-8所示具有平面表面的分枝结构。

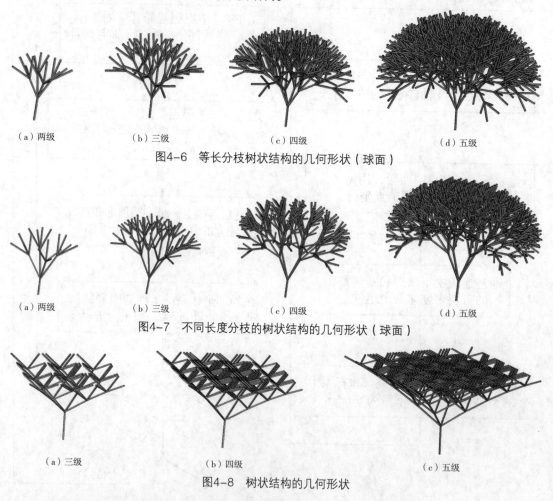

（a）两级　　　　　　（b）三级　　　　　　（c）四级　　　　　　（d）五级

图4-6　等长分枝树状结构的几何形状（球面）

（a）两级　　　　　　（b）三级　　　　　　（c）四级　　　　　　（d）五级

图4-7　不同长度分枝的树状结构的几何形状（球面）

（a）三级　　　　　　（b）四级　　　　　　（c）五级

图4-8　树状结构的几何形状

3　基于拓扑结构建立找形分析

3.1　找形分析流程

基于第二节中提出并利用双单元法模拟树状结构的分枝部件，利用双单元数值模型模拟丝线模型的行为。在本节中，建立的模型上端在水平方向即 (x, y) 的平移度是固定的，在垂直方向上施加荷载。然而，负载向量不限于垂直方向。施加荷载大小和方向应根据实际情况设置。躯干的平移程度均固定。在找形分析中只有水平坐标发生变化。在先前的工作中提供了关于找形分析的附加信息。提出的用于树状结构找形分析的迭代程序（图4-9）是基于通用有限元程序ANSYS完成的。在数值分析中，根据逆吊递推法的基本概念，向上施加指定荷载，然后进行统计分析，得到节点位移。如果节点位移大于允许误差，则导出树状结构形式不是最优的，继续迭代。根据结构的实际尺寸确定允许误差。对于大型结构，可以增加允许的误差值以

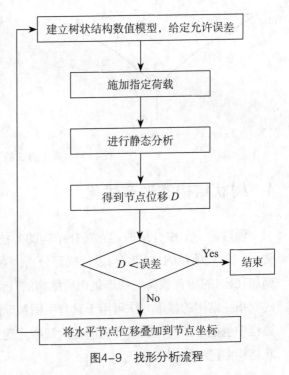

图4-9　找形分析流程

减少迭代次数，并且应该根据实际需求来设置。对于普通工程，允许误差（参阅《钢结构施工质量验收规范》）可以设为$L/1000$，其中L是树状结构的构件长度。以力和位移的二范数为收敛准则。具体而言，力、力矩和位移的公差收敛值被设置为0.005（0.5%）。

3.2　找形分析的验证

图4-10所示的分析模型通常用于简单的验证目的。在本研究中，采用该模型来验证所提出的找形方法的精度和效率。

在这项工作中获得的最佳形式与Hunt等人得到的结果进行了比较。如图4-11所示，本研究所得的结果与Hunt推导的结果一致。基于两项研究结果的一致性，验证了该方法的准确性和可靠性。

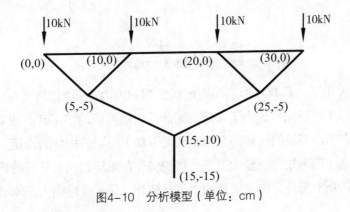

图4-10　分析模型（单位：cm）

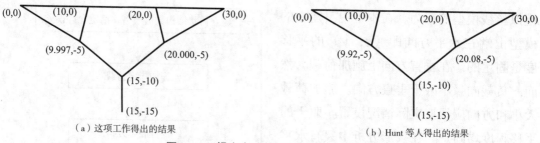

（a）这项工作得出的结果　　　　　　　　　　（b）Hunt 等人得出的结果

图4-11　提出方法的验证（单位：cm）

4　树状结构的形态优化

通过前一节中介绍的建立拓扑结构的方法可以用来进行找形分析。对图4-7（b）和图4-8（c）所示的树状结构进行找形分析。在如图4-12所示的树状结构顶部的每个节点施加10kN的垂直载荷。找形优化后结构的几何形态如图4-13所示。由此可见，所提出的建立拓扑结构的找形方法可用于具有平面和球面的树状结构。树状结构的形态在找形分析过程中也是不断变化的。在先前的验证中，建立拓扑结构的优化方法在具有平面表面的树状结构中已经得到了验证。

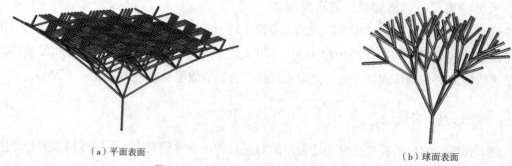

（a）平面表面　　　　　　　　　　　　　（b）球面表面

图4-12　找形优化前树状结构的几何形状

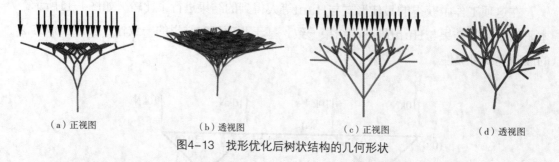

（a）正视图　　　　　（b）透视图　　　　　（c）正视图　　　　　（d）透视图

图4-13　找形优化后树状结构的几何形状

在给定载荷作用下，具有球形表面的树状结构的内力分布如图4-14所示。这表明树状结构在荷载的作用下轴向力远大于弯矩。因此，弯矩可以忽略不计。图4-14（b）所示的结果表明，存在于最高层的构件的弯矩明显大于其下一层的构件的弯矩，并且树状结构的分枝在水平方向上的弯矩也明显大于下一层的构件在倾斜方向上分枝的弯矩。具有球形表面的树状结构的所有部件，除了单独的水平分枝外，仅承受轴向力。本节研究了节点坐标的偏移历史，在对称位置中提取4个节点的坐标，并在图4-15中示出。该图表明所提出的方法在优化树状结构的最佳配置方面具有很突出的高效性。

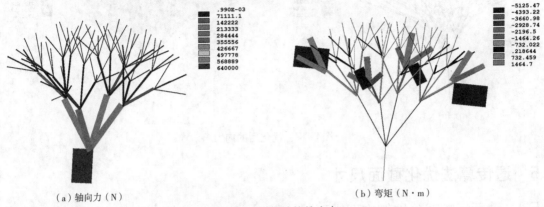

（a）轴向力（N）　　　　　　　　　（b）弯矩（N·m）

图4-14　树状结构的内力

如果只采用单一连接类型，最高级的分枝数目将非常大。因此，为解决在实际工程项目中可能需要多个连接类型。如图4-16所示，通过提出的建立拓扑结构的方法建立和优化了具有5-4-3-2连接类型的分枝结构，最高级的分枝数量就可以大幅减少。图4-16（b）显示了在找形分析之后的树状结构的构造，其中只有节点的水平分量已经移动，垂直

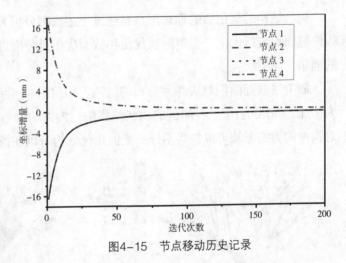

图4-15　节点移动历史记录

方向上的节点坐标不变。在树状结构的所有自由端上都施加了10kN的垂直载荷。在给定载荷作用下，各分枝的内力如图4-17所示。该图表明树状结构的轴向力远大于弯矩。因此，弯矩可以忽略不计。

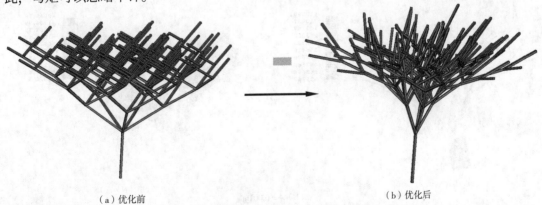

（a）优化前　　　　　　　　　　　（b）优化后

图4-16　具有多种连接类型的分枝结构

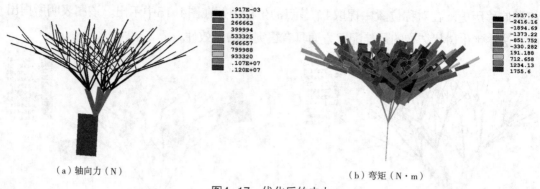

（a）轴向力（N）　　　　　　　　（b）弯矩（N·m）

图4-17　优化后的内力

5　遗传算法优化截面尺寸

5.1　截面尺寸对分枝结构理想形状的影响

树状结构的优化后的理想形状是通过上述找形分析方法得到的，然后利用遗传算法对构件截面积进行优化。假定形状优化和截面优化是分别进行的，截面积可以改变树状结构的理想几何形状。

研究了截面面积对构件力分布的影响。采用图4-14所示的树状结构，截面面积分别设为0.1m²和0.001m²。在测试的树状结构中，内力的分布如图4-18所示。考虑到构件截面对构件内力的影响可以忽略不计，截面优化分析可以在找形分析之后进行。

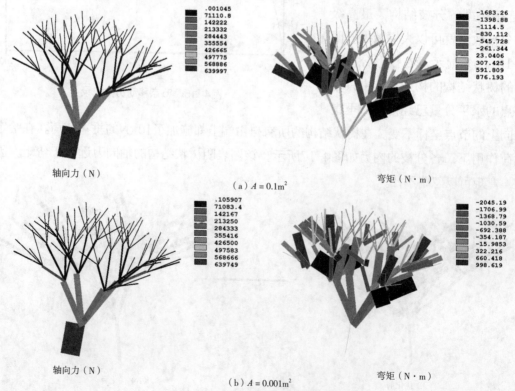

轴向力（N）　　　　　　　弯矩（N·m）

（a）$A = 0.1\text{m}^2$

轴向力（N）　　　　　　　弯矩（N·m）

（b）$A = 0.001\text{m}^2$

图4-18　截面面积对内力分布的影响

5.2　构件截面的优化

遗传算法是一种基于"适者生存"规则的搜索和优化算法。这种方法简单易行，可用于变量组合的优化。由于它具有解决各种问题的能力，因此已经应用于许多领域。现在可以找到遗传算法应用的许多例子。

在这项工作中，采用遗传算法结合通用有限元代码ANSYS和MATLAB。用MATLAB调用ANSYS进行有限元分析，截面尺寸的优化可以很容易地进行。

采用遗传算法对构件的截面积进行优化。选择属于每个级别A_i的部件的截面面积作为优化参数，在每个级别的组件的横截面面积被假定为是均匀的，每一级成分的横截面积构成染色体中的一个基因。如图4-19所示，各层中各组分的截面积分别表示为A_1、A_2、A_3、A_4、…、A_n，其中n为树状结构的最高级。因此，染色体含有n个基因，遗传算法的输入数据如表4-1所示。

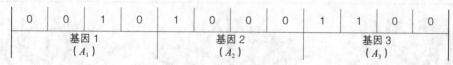

图4-19　单染色体表示

表4-1　遗传算法参数

参数	数值
人口规模	40
发电规模	300
交叉概率	0.80
突变概率	0.20

为了保证以最小用钢量建造的树状结构的屈曲能力，提出了下列适应度函数：

$$F(A) = \sum_{i=0}^{n} \frac{\rho A_i l_i}{f} \tag{4-1}$$

其中，l_i为第i级分枝长度之和，ρ为材料密度，f为通过特征值屈曲分析导出的负载因子。

特征值屈曲分析预测了理想线弹性结构的理论屈曲能力（分枝载荷）。然而，考虑到大多数实际结构的缺陷和非线性，理论屈曲能力在实际应用中无法实现。然而，通过进行特征值屈曲分析，可以得出屈曲能力和屈曲模态的上界。采用屈曲荷载系数来表示树状结构的屈曲承载力，该系数表示承载能力与荷载之比。对竖向荷载作用下的枝护结构进行了特征值屈曲分析。在每个顶部节点垂直方向上施加1kN的集中载荷。

采用图4-12（a）、（b）所示的树状结构用遗传算法优化截面尺寸，假定在3种不同情况下截面面积范围发生变化。3例状况的负荷情况和几何形态相同。只有3个状况的截面积不同，如下所示：第一种情况：$0.0001\text{m}^2 \leqslant A_i \leqslant 0.01\text{m}^2$；第二种情况：$0.0001\text{m}^2 \leqslant$

$A_i \leqslant 0.005\text{m}^2$；第三种情况：$0.0001\text{m}^2 \leqslant A_i \leqslant 0.0025\text{m}^2$。

为了简单起见，假设所有分量都具有正方形截面，并且面积的惯性矩计算公式为：

$$I_i = \sqrt[4]{A_i}/12 \tag{4-2}$$

两个参数A_i和I_i被用作梁单元的实际常数输入，每个枝路与10个梁单元啮合。

具有球形表面的树状结构的屈曲模态如图4-20所示。其中各种情况下球形树状结构参数如表4-2所示，列出了截面面积的最佳组合。当在达到允许最大变化时，属于不同水平的组分的面积的比率保持恒定。A_0的优化值总是允许的最大值。也就是说，截面面积的优化比例不受实际面积的影响。这些结果表明，在不同情况下屈曲载荷系数的比值是截面面积的平方。

表4-2　不同情况下球面树状结构各构件截面参数

方案	荷载系数	A_0（mm²）	A_1（mm²）	A_2（mm²）	A_3（mm²）
Ⅰ	456.25	0.0100	0.0100	0.0085	0.0044
Ⅱ	114.12	0.0049	0.0050	0.0046	0.0021
Ⅲ	34.355	0.0025	0.0025	0.0025	0.0014

（a）方案Ⅰ　　　　　　　（b）方案Ⅱ　　　　　　　（c）方案Ⅲ

图4-20　不同情况下的屈曲模式（球面）

如图4-21所示，首先进行参数分析，验证遗传算法和所提出的目标函数的可行性，并推导出屈曲能力随截面面积变化的趋势。一个截面积的值发生变化，而其他截面积的值保持在最佳值不变。这些结果表明，A_0和A_1的优化值等于曲线A_0和A_1的交点，然后根据相应的屈曲能力要求确定A_2和A_3的优化值。树干的屈曲能力对树状结构的整体屈曲能力起着重要作用。随着组分水平

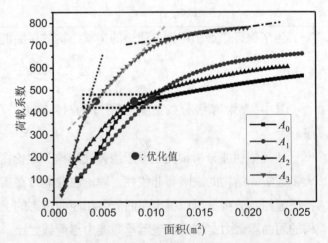

图4-21　屈曲承载力随分枝面积变化的趋势

的增加，组分的影响减小。因此，曲线A_0和A_1的交点是材料利用的优化点，这无疑是优化值。这一结果验证了用遗传算法优化截面尺寸组合的效率和准确性，所提出的目标函数适用于截面面积的优化。

A_3曲线表明，随着A_3的增大，屈曲模型将从局部屈曲转变为整体屈曲。曲线的不同斜率表明了不同的屈曲模态。

具有平面表面的分枝结构的屈曲模态如图4-22所示。截面面积的优化组合如表4-3中列出。当允许最大变化时，不同水平组分的面积比保持不变。A_0的优化值总是允许的最大值。第三种情况下分枝的屈曲模态转化为局部屈曲模态。优化的树状结构如图4-23所示。

表4-3 不同情况下球面树状结构各构件截面参数

方案	荷载系数	A_0（m²）	A_1（m²）	A_2（m²）	A_3（m²）	A_4（m²）
I	64.526	0.0099	0.0096	0.0091	0.0049	0.0021
II	16.277	0.0049	0.0050	0.0045	0.0026	0.0010
III	4.1357	0.0025	0.0025	0.0025	0.0013	0.0005

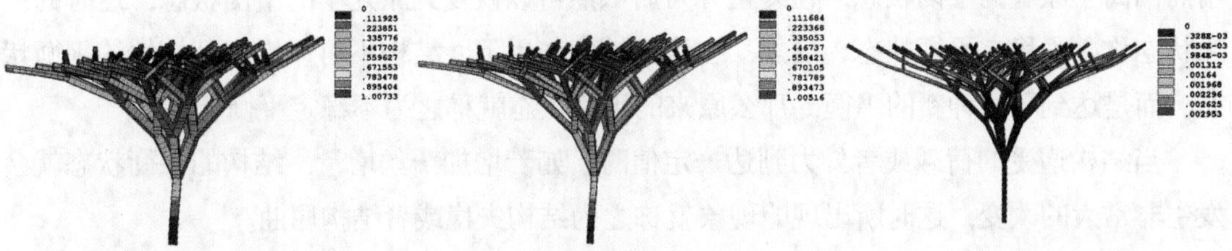

（a）方案 I   （b）方案 II   （c）方案 III

图4-22 不同情况下的屈曲模式（平面）

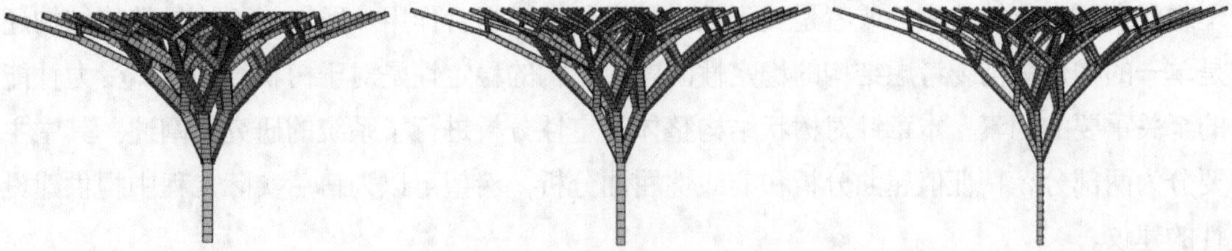

（a）方案 I   （b）方案 II   （c）方案 III

图4-23 优化后的树状结构

6 本章小结

本章提出了一种树状结构分析与设计的系统方法。该方法包括从拓扑建立到截面面积确定的树状结构设计的各个阶段。首先提出了一种基于通用有限元程序的拓扑建立方法，并进行了找形分析。在几何优化之后，使用遗传算法优化横截面积。所提出的方法可用于树状结构的系统设计、分析和优化。

首先用遗传算法求出不同层位的优化面积比，当达到允许最大值发生变化时，不同层位构件的优化面积比保持不变，截面面积的平方取不同情况下的屈曲载荷系数之比。可以根据屈曲能力要求确定部件的最大面积。

第五章 树状结构稳定性分析

1 概述

众所周知，结构在荷载的作用下因为材料的弹塑性而发生变形，如果变形后的结构在荷载的作用下会保持平衡，那么就称之为弹性平衡。结构在处于平衡状态时受到外力的作用而偏离了原有的平衡状态，在终止外力后依然可以恢复到原处于的平衡状态，这时的平衡状态称之为稳定平衡状态；反之，在终止外力作用下，结构不可以恢复到初始的平衡状态，而是达到了一种新的平衡，那么原来的平衡状态就称之为不稳定平衡状态。

当结构遭受的荷载或者外力到达一定值时，如若增加一丝增量，结构的平衡状态就会发生非常大的改变，这时所出现的现象就称之为结构失稳或者结构屈曲。

针对树状结构而言，目前国内外在其应用上都采用钢结构的形式，而且根据其本身的受力性能，在外部荷载作用下，树状结构的所有构件都只受到轴向压力的作用，当然这是理想状态下产生的效应，或者是受到轴向压力和弯矩组合作用。所以，不论是整体结构还是单一的构件都需要考虑结构的稳定性问题，结构的稳定性是对于树状结构整体受力性能的至关重要的因素。本章针对树状结构整体稳定性分析进行了系统的研究与阐述，其中主要分为两部分：特征值屈曲分析和非线性屈曲分析，希望可以为日后实际工程中提供建设性的建议。

2 特征值屈曲分析

2.1 特征值屈曲分析原理

根据结构体系失稳的性质，稳定问题主要可以分为两大类：一是平衡分岔失稳，也叫作分枝点失稳；二是跃越失稳，也叫作跳跃失稳。平衡分岔失稳（分枝点失稳）是一种理想化的情况，当结构遭受的荷载达到了一定值时，除原来结构所处的平衡状态之外，还有可能出现第二种平衡状态。在数学上针对此类问题的求解方法实际上就是求解矩阵方程中的特征值问题，所以这种分析方法也就称之为特征值屈曲分析。其分析的机制如下：

在结构处于稳定平衡状态时，对于轴向力与中面内力对结构弯曲变形的影响，借鉴势能驻值原理可以推得理想状态下结构的平衡方程为：

$$([K_E]+[K_G])\{U\} = \{P\} \tag{5-1}$$

方程（5-1）中，$[K_E]$ 表示的是结构的弹性刚度矩阵；$[K_G]$ 表示的是结构的几何刚度矩阵，也可以叫作初应力刚度矩阵；$\{U\}$ 为节点坐标位移向量；$\{P\}$ 为节点荷载向量。每一组外部荷载都对应着相应的几何刚度矩阵。

当结构处于随遇平衡状态时也就是处于临界失稳状态是时，系统势能的二阶微分应该等于零，因此可以推得：

$$([K_E]+[K_G])\{\delta U\}=0 \tag{5-2}$$

即：

$$\left|[K_E]+[K_G]\right|=0 \tag{5-3}$$

公式中的结构弹性刚度矩阵是已知的，未知的外荷载就是需要求解的屈曲荷载，为了求解屈曲荷载，可以任意假设一组外部荷载 $\{P^0\}$，使 $\{P\}=\lambda\{P^0\}$。而与其相对应的几何刚度矩阵为 $[K_G^0]$，所以可以推导出 $[K_G]=\lambda[K_G^0]$，因此，公式可以转化为：

$$\left|[K_E]+\lambda[K_G^0]\right|=0 \tag{5-4}$$

则结构的特征值方程最终为：

$$([K_E]+\lambda_i[K_G])\{\phi_i\}=0 \tag{5-5}$$

这样，结构的整体稳定问题就转化成了求解特征值方程的问题。其中，λ_i 是结构第 i 阶屈曲状态下的特征值，而且相对应的第 i 阶屈曲荷载为 $\{P\}=\lambda_i\{P^0\}$；$\{\phi_i\}$ 为 $\{\lambda_i\}$ 对应的特征向量，是对应阶层的屈曲荷载时结构的屈曲模态。

基于以上提及的特征值屈曲分析的原理，在计算模拟时采用通用有限元分析软件ANSYS进行分析。而采用ANSYS进行特征值屈曲分析的步骤为：

建立有限元模型，进行结构静力分析，进行特征值屈曲分析，求解。

2.2 树状结构有限元模型

本节树状结构的通用有限元模型通过数值建模软件ANSYS进行建立，采用之前提到的双单元法进行创建，这种方法假定树状结构的每一个构件由两个单元组成，即只有抗弯刚度的梁单元和没有抗弯刚度的梁单元。杆单元的横截面积远大于梁单元，梁单元的抗弯刚度远大于杆单元。在找形分析中，降低抗弯刚度以减小抗弯刚度的影响，因此梁单元可以更好地模拟丝线模型。基于逆吊递推方法的基本思想，在上方施加指定的载荷。这样通过多次迭代，所有构件均只受轴向力的作用，弯矩较小可以忽略不计。

通过以树状结构作为支撑的火车站、机场等一些大跨度空间结构，普遍所支撑起来的屋顶结构的刚度要大大超过了树状结构自身的刚度。而且树状结构像自然界中的树一样向外扩展，直接地使自身所要承受的屋顶跨度和挠度减小，这样就可以忽略屋顶结构产生的变形，假定屋顶刚度远大于树状结构自身的刚度，基于这一假定，屋顶除了会向下传递荷载外，树状结构还会遭受到水平力的作用,而且树状结构自身受力比较均匀，本节的树状结构进行分析时采用均布荷载。根据连接形式的不同，一般屋架结构与下部支撑结构采用刚接或者铰接，本节在考虑树状结构的基本受力状态，采用铰接的形式，树干底部采用固接形式。对于树状结构的特征值屈曲分析，本节以五级树状结构为例进行分析。

2.2.1 五级六分枝树状结构

五级六分枝树状结构就是以树干为基础，一级分枝为六分叉，继续向上分级，二级分枝为四分叉，三级分枝为四分叉，四级分枝为两分叉，五级分枝为两分叉，如图5-1给出了5-6-4-4-2-2空间树状结构计算简化模型。

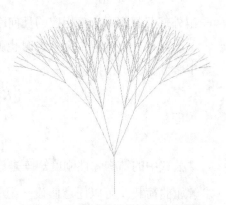

图5-1 空间树状结构计算简化模型

通过建立五级的空间树状结构，利用ANSYS通用有限元软件进行特征值屈曲分析，提取树状结构的特征值屈曲模态，根据屈曲分析获得屈曲荷载系数，进而可以求得屈曲荷载。

本节研究对于树状结构各级构件的截面取值、刚度取值如表5-1所示。

表5-1 空间树状结构截面参数

参数	树干	一级分枝	二级分枝	三级分枝	四级分枝	五级分枝
A (m^2)	0.020	0.018	0.016	0.014	0.012	0.010
I (m^4)	1.2×10^{-4}	1×10^{-4}	0.8×10^{-4}	0.6×10^{-4}	0.4×10^{-4}	0.2×10^{-4}

树干高度取1m，每级分枝长度分别是前一级分枝的0.7倍。

初始条件下五级分枝树状结构屈曲模态如图5-2、图5-3所示：

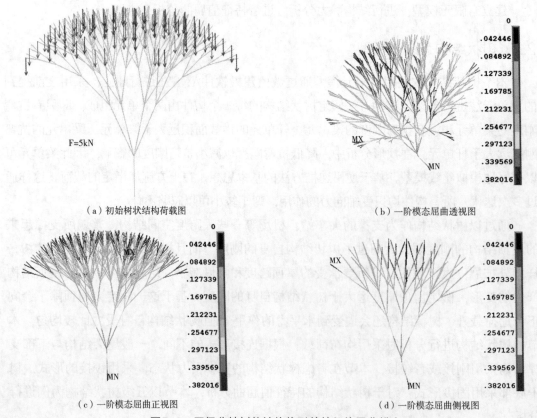

（a）初始树状结构荷载图

（b）一阶模态屈曲透视图

（c）一阶模态屈曲正视图

（d）一阶模态屈曲侧视图

图5-2 五级分枝树状结构找形前特征值屈曲模态

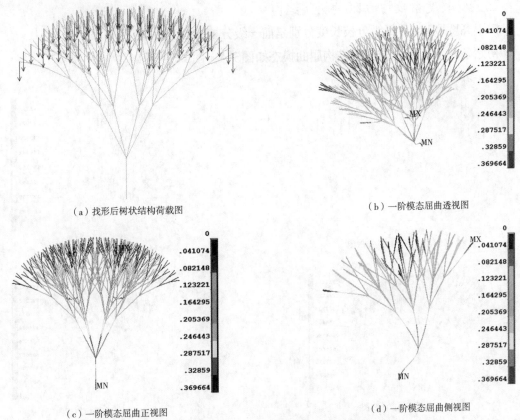

（a）找形后树状结构荷载图　　　　　　　　　（b）一阶模态屈曲透视图

（c）一阶模态屈曲正视图　　　　　　　　　　（d）一阶模态屈曲侧视图

图5-3　五级分枝树状结构找形后特征值屈曲模态

　　根据有限元软件ANSYS针对树状结构在找形前后进行特征值屈曲分析，分别得到找形前树状结构特征值屈曲分析的第一阶模态失稳图和找形后树状结构的第一阶模态失稳图。

　　根据图5-2和图5-3可以清晰地看出，树状结构的失稳主要发生在树干与一级分枝的连接节点和五级分枝的末梢，而且树干部位与一级分枝全都发生了明显的变形。结果表明，结构在发生失稳的时候，最大应力产生在五级分枝的末梢，同时树干根部承受结构的最大应力，同时树干部位发生最大的变形。在设计和工程实践中应对树干部位进行强化，这对提高树状结构的整体稳定性具有极高的工程价值和研究意义。

　　在根据树状结构在找形前后结构失稳变形图可以看出，找形之前结构发生失稳破坏时，结构的失稳总位移为0.382016m，占据结构高度的8.7%，这说明结构在失稳时已经发生破坏；找形之后结构发生失稳破坏时，结构的失稳总位移为0.369664m。而且，两次最大位移均出现在结构的顶部，通常都是最高级分枝的最外侧分枝顶部，也就是分枝末梢。

　　在以上研究的基础上，在确定树状结构各级分枝截面积和截面属性后，对树干的各级分枝长度进行一系列系统性的研究，首先将树干各级分枝的长度与上一级分枝长度比设为1，进行有限单元特征值屈曲分析后，再将树状结构各级分枝的长度与上一级分枝长度比设为1.2。

2.2.2 长度系数均为1.0的树状结构

树干高度取1m，每级分枝长度分别是前一级分枝的1.0倍。

初始条件下五级分枝树状结构屈曲模态如图5-4、图5-5所示：

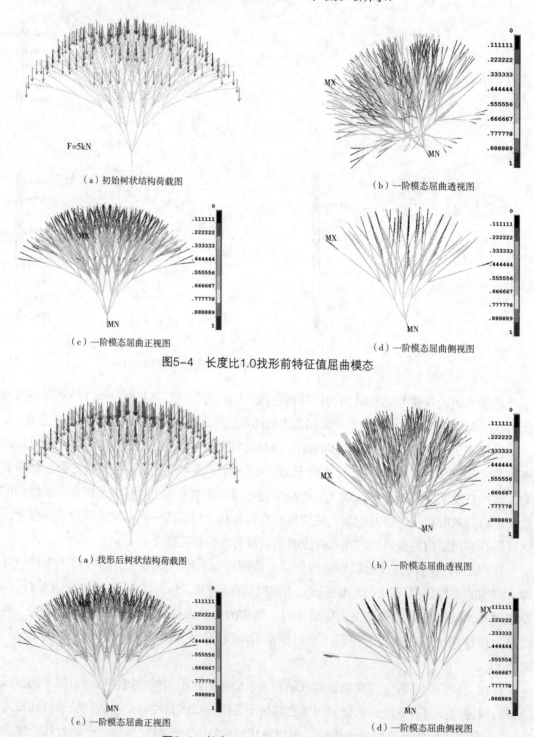

（a）初始树状结构荷载图　　　（b）一阶模态屈曲透视图

（c）一阶模态屈曲正视图　　　（d）一阶模态屈曲侧视图

图5-4　长度比1.0找形前特征值屈曲模态

（a）找形后树状结构荷载图　　　（b）一阶模态屈曲透视图

（c）一阶模态屈曲正视图　　　（d）一阶模态屈曲侧视图

图5-5　长度比1.0找形后特征值屈曲模态

根据有限元软件ANSYS针对树状结构在找形前后进行特征值屈曲分析，分别得到找形前树状结构特征值屈曲分析的第一阶模态失稳图和找形后树状结构的第一阶模态失稳图。

根据图5-4和图5-5可以清晰地看出，树状结构的失稳主要发生在树干与一级分枝的连接节点和五级分枝的末梢，而且树干部位与一级分枝全都发生了明显的变形。结果表明，结构在发生失稳的时候，最大应力产生在五级分枝的末梢，同时树干根部承受结构的最大应力，而且树干部位发生最大的变形。在设计和工程实践中应对树干部位进行强化，针对最高级分枝起到一定的优化作用。这对提高树状结构的整体稳定性具有极高的工程价值和研究意义。

在根据树状结构在找形前后结构失稳变形图可以看出，找形之前结构发生失稳破坏时，结构的失稳总位移为0.888889m，占据结构高度的8.7%，这说明结构在失稳时已经发生破坏；找形之后结构发生失稳破坏时，结构的失稳总位移为0.888889m。而且，两次最大位移均出现在结构的顶部，通常都是最高级分枝的最外侧分枝顶部，也就是分枝末梢。通过图形发现，对两者进行对比，找形前后的树状结构的最大位移都是0.888889m，而且都是发生在最高级分枝的末梢。可以推断出，找形对于树状结构影响不是很大。

2.2.3　长度系数均为1.2的树状结构

树干高度取1m，每级分枝长度分别是前一级分枝的1.2倍。

初始条件下五级分枝树状结构屈曲模态如图5-6、图5-7所示：

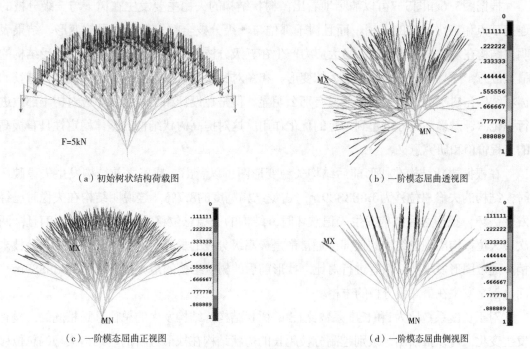

（a）初始树状结构荷载图　　　　　　　　（b）一阶模态屈曲透视图

（c）一阶模态屈曲正视图　　　　　　　　（d）一阶模态屈曲侧视图

图5-6　长度比1.2找形前特征值屈曲模态

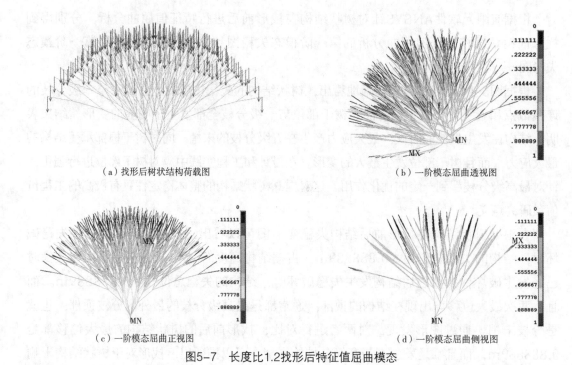

（a）找形后树状结构荷载图　　　　　　　　（b）一阶模态屈曲透视图

（c）一阶模态屈曲正视图　　　　　　　　　（d）一阶模态屈曲侧视图

图5-7　长度比1.2找形后特征值屈曲模态

根据有限元软件ANSYS针对树状结构在找形前后进行特征值屈曲分析，分别得到长度比为1.2的找形前树状结构特征值屈曲分析的第一阶模态失稳图和找形后树状结构的第一阶模态失稳图。

根据图5-6和图5-7可以清晰地看出，树状结构的失稳主要发生在树干与一级分枝的连接节点和五级分枝的末梢。而且树干部位与一级分枝全都发生了明显的变形。结果表明，结构在发生失稳的时候，最大应力产生在五级分枝的末梢，同时树干根部承受结构的最大应力，而且树干部位发生最大的变形。和图对比起来可以看出，级别越高分枝越长的树状结构在树干部位产生的变形没有那么明显。但是在设计和工程实践中应对树干部位进行强化，针对最高级分枝起到一定的优化作用。这对提高树状结构的整体稳定性具有极高的工程价值和研究意义。

在根据树状结构在找形前后结构失稳变形图可以看出，找形之前结构发生失稳破坏时，结构的失稳总位移为0.888889m，占据结构高度的8.7%，这说明结构在失稳时已经发生破坏；找形之后结构发生失稳破坏时，结构的失稳总位移为0.888889m。而且，两次最大位移均出现在结构的顶部，通常都是最高级分枝的最外侧分枝顶部，也就是分枝末梢。通过图形发现，对两者进行对比，找形前后的树状结构的最大位移都是0.888889m，而且都是发生在最高级分枝的末梢。

对于长度系数比为1和长度系数比1.2的树状结构，结构发生的总位移是相同的，没有发生变化，可以推断出，级别越高分枝越长的树状结构在找形分析前后结构失稳的总位移变化基本相同。

2.2.4 大夹角的树状结构

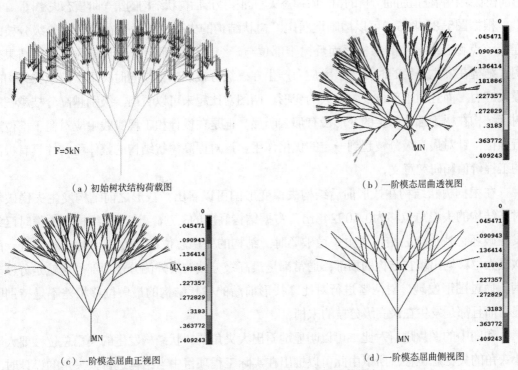

（a）初始树状结构荷载图

（b）一阶模态屈曲透视图

（c）一阶模态屈曲正视图

（d）一阶模态屈曲侧视图

图5-8 大夹角树状结构找形前特征值屈曲模态

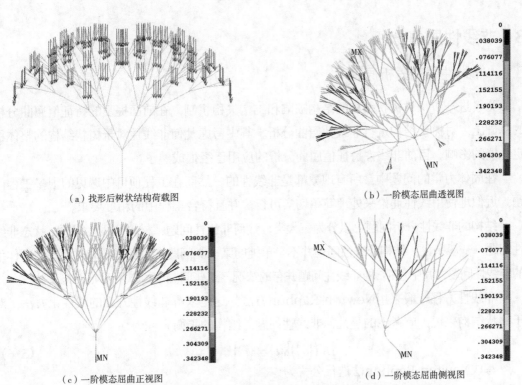

（a）找形后树状结构荷载图

（b）一阶模态屈曲透视图

（c）一阶模态屈曲正视图

（d）一阶模态屈曲侧视图

图5-9 大夹角树状结构找形后特征值屈曲模态

根据有限元软件ANSYS针对树状结构在找形前后进行特征值屈曲分析，分别得到大角度找形前树状结构特征值屈曲分析的第一阶模态失稳图和找形后树状结构的第一阶模态失稳图。

根据图5-8和图5-9可以清晰地看出，树状结构的失稳主要发生在树干与一级分枝的连接节点和五级分枝的末梢，而且树干部位与一级分枝全都发生了明显的变形。结果表明，结构在发生失稳的时候，最大应力产生在五级分枝的末梢，同时树干根部承受结构的最大应力，而且树干部位发生最大的变形。两图对比起来可以看出，级别越高分枝越长的树状结构在树干部位产生的变形没有那么明显。但是在设计和工程实践中应对树干部位进行强化，针对最高级分枝起到一定的优化作用。这对提高树状结构的整体稳定性具有极高的工程价值和研究意义。

在根据树状结构在找形前后结构失稳变形图可以看出，找形之前结构发生失稳破坏时，结构的失稳总位移为0.409243m，占据结构高度的8.7%，这说明结构在失稳时已经发生破坏；找形之后结构发生失稳破坏时，结构的失稳总位移为0.324348m。而且，两次最大位移均出现在结构的顶部，通常都是最高级分枝的最外侧分枝顶部，也就是分枝末梢。通过图形发现，对两者进行对比，找形前后的树状结构的最大位移相差不是特别明显，而且都是发生在最高级分枝的末梢。

和图中的图片进行对比，可以明显地看出大夹角的树状结构发生的失稳总位移要大于小夹角的失稳总位移，所以由此可以推出在实际工程项目中当结构进行大夹角的设计时，要对于高级分枝进行一定的防护工作，防止因为分枝的失稳导致人民生命财产的损失。

3 非线性屈曲分析

3.1 非线性屈曲分析原理

为了进一步探讨树状结构的结构缺陷和结构失稳机制，在前面提及的特征值屈曲分析的基础上，对树状结构进行非线性屈曲分析。其中考虑几何非线性对于树状结构的整体稳定性能的影响。目前非线性特征值屈曲分析的应用已经很成熟了。

在固体力学的问题中，所有现象都是非线性的。然而在工程项目中遇见的很多工程问题，近似地使用线性理论来处理简单切实可行，并且符合工程中的精度要求。

结构的非线性分析问题可以分为三大类：几何非线性问题、材料非线性问题、状态非线性问题。一般来说，结构非线性问题并不是单纯的某一类问题，可能需要同时考虑共同作用的非线性问题，其中包括3种非线性问题并存的情况，这些问题都可以用ANSYS来解决。

非线性方程一般采用Newton-Raphon方法，这是求解非线性方程的线性化方法，对于树状结构来说，应考虑的是几何非线性问题，结构的平衡方程为：

$$[K(\{u\})]\{u\} = \{F\} \tag{5-6}$$

写成Newton-Raphon法迭代公式为：

$$[K_T(\{u\}_n)]\{\Delta u\}_{n+1} = \{F\} - \{F\}_n \tag{5-7}$$

$$\{u\}_{n+1} = \{u\}_n + \{\Delta u\}_{n+1} \tag{5-8}$$

在实际工程中，因为几何变形引起的结构刚度改变的一类问题是属于几何非线性问题。换句话说，结构的平衡方程必须在未知变形后的位置上建立，否则就会导致结果错误。在有限元分析中，结构刚度矩阵是由总体坐标系下的单元刚度矩阵集合而成，在总体坐标系下的单刚矩阵是由单元局部坐标系下的单刚矩阵转换来的，对此，导致结构刚度变化有以下3种原因：

单元形状改变，导致单刚变化；

单元方向改变，导致单元刚度矩阵向总体坐标系下转换时发生变化；

单元较大的应变使单元在某个面内具有较大的应力状态，从而影响面外的刚度。

几何非线性通常分为3种情况：大应变、大位移和应力刚化。其中大应变包括单元形状改变，单元方向改变和应力刚化效应3种可以导致结构刚度变化因素，而大位移需要考虑的是单元方向（也就是大转动）和应力刚化效应。

本节对树状结构进行非线性屈曲分析时，为了达到对比说明的效果，树状结构的计算模型和树状结构的各种参数设置和特征值屈曲分析的模型设置相同，在进行非线性屈曲分析过程中，根据结构在特征值屈曲分析过程中得到的一阶失稳模态施加初始缺陷。材料的非线性考虑使用理想状态下的弹塑性模型。在进入求解状态时，采用弧长法对树状结构进行非线性整体分析。

3.2　树状结构非线性分析

3.2.1　找形前树状结构非线性分析

首先对于5-6-4-4-2-2分枝形式的树状结构进行非线性分析，选取施加不同程度的初始缺陷大小，研究在不同参数状态下的树状结构失稳形态和失稳过程。首先施加$H/300$的初始缺陷。

如图5-10所示，给出了在$H/300$的初始缺陷下树状结构的荷载-位移曲线，可以清晰地看出，在几何非线性条件下，树状结构的荷载-位移曲线非常圆滑，在结构失稳变形后，尤其是发生大变形时，树状结构在一定范围内还可以承担荷载，在结构达到负向的最大位移后，又趋向正向位移，此时树干受力形式从受压转失稳向受拉失稳。同时，从图中可以清晰地发现，结构失稳已经从树干失稳转向了树状结构外部高级分枝的失稳。

通过树状结构失稳变形图，可以发现，在考虑几何非线性条件下树状结构的失稳破坏形式和特征值屈曲分析中一阶模态失稳破坏比较相似，其中X方向最大位移为0.147×10^{-3}m，出现在一级分枝和二级分枝的连接节点处。Y方向最大位移为-0.483×10^{-3}m，也出现在一级分枝和二级分枝的连接节点处。Z方向最大位移为3.585×10^{-3}m，出现在树状结构最高级分枝顶部边缘处。通过3组数据可以看出，水平方向的最大位移远小于竖向的最大位移，树状结构的总位移为3.585×10^{-3}m，最大位移处也发生在最高级分枝顶部边缘处。

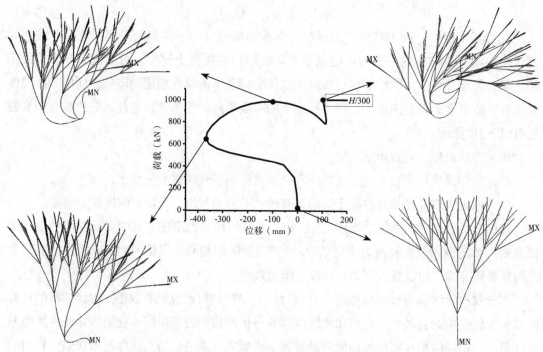

图5-10　H/300初始缺陷下树状结构荷载–位移曲线

为了进一步确定树状结构在施加不同缺陷下失稳形态和失稳过程，分别施加初始缺陷为H/250、H/200。如图5-11所示为H/250初始缺陷下树状结构荷载–位移曲线。

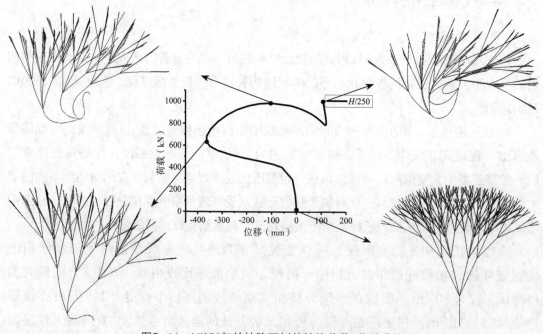

图5-11　H/250初始缺陷下树状结构荷载–位移曲线

数据表明，X方向最大位移为0.147×10^{-3}m，出现在一级分枝和二级分枝的连接节点处。Y方向最大位移为0.542×10^{-3}m，也出现在二级分枝和三级分枝的连接节点处和树状结构最外层节点处。Z方向最大位移为3.685×10^{-3}m，出现在树干的树根部位。树状结构的总位移为3.942×10^{-3}m，最大位移处也发生在最高级分枝顶部边缘处。如图5-12所示为$H/200$初始缺陷下树状结构荷载-位移曲线。

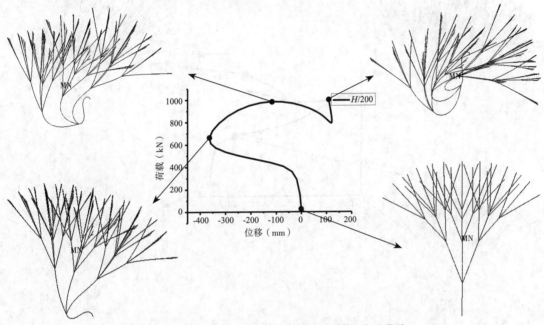

图5-12 $H/200$初始缺陷下树状结构荷载-位移曲线

数据表明，X方向最大位移为0.146×10^{-3}m，出现在一级分枝和一级分枝二级分枝的连接节点处。Y方向最大位移为$-0.603\times\times10^{-3}$m，也出现在二级分枝和三级分枝的连接节点处和树状结构最外层节点处。Z方向最大位移为$-3.78\times10^{-3}6$m，发生在最高级分枝顶部边缘处。树状结构的总位移为3.786×10^{-3}m，最大位移处也发生在最高级分枝顶部边缘处。

3.2.2 找形后树状结构非线性分析

基于对树状结构进行非线性分析，对树状结构进行找形，在找形后施加相同条件的初始缺陷，研究在不同参数状态下的找形后树状结构失稳形态和失稳过程。首先施加$H/300$的初始缺陷。

如图5-13所示，可以清晰地看到在$H/300$的初始缺陷下找形后树状结构的荷载-位移曲线，在几何非线性条件下，树状结构的荷载-位移曲线非常圆滑，在结构失稳变形后，尤其是发生大变形时，树状结构在一定范围内还可以承担荷载，在结构达到负向的最大位移后，树状结构从局部受压转向局部受拉。可以明显看出树状结构树干部位变形明显，和找形前进行对比，分枝部位变形较小。

通过树状结构失稳变形图，可以得出一阶模态失稳破坏变形图，数据表明，X方向最大位移为-0.35×10^{-4}m，出现在一级分枝部位和一级分枝与二级分枝连接处。Y方向最大位移为3.349×10^{-3}m，也出现在树干根部部位、四级分枝、五级分枝和树状结构外层三级分枝与四级分枝的连接节点处。Z方向最大位移为3.349×10^{-3}m，发生在树根部位和最高级分枝顶部外部边缘处。树状结构的总位移为3.349×10^{-3}m，最大位移处也发生在树根部位与最高级分枝顶部边缘处。

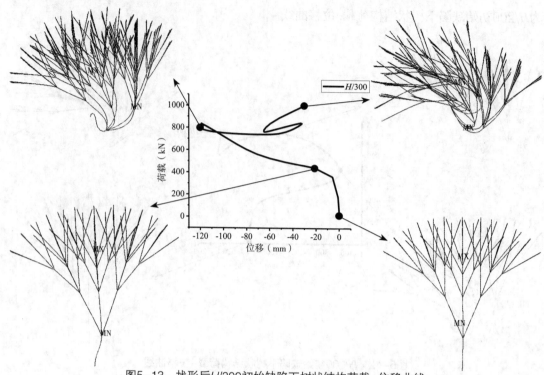

图5-13　找形后$H/300$初始缺陷下树状结构荷载–位移曲线

如图5-14所示为找形后$H/250$初始缺陷下树状结构荷载-位移曲线。

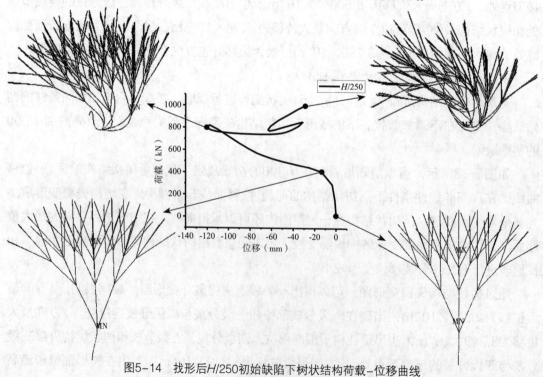

图5-14　找形后$H/250$初始缺陷下树状结构荷载–位移曲线

数据表明，X方向最大位移为-0.349×10^{-4}m，出现在一级分枝部位。Y方向最大位移为-0.45×10^{-3}m，也出现在树干部位和一级分枝的连接节点处处。Z方向最大位移为-3.447×10^{-3}m，发生在树根部位和最高级分枝顶部外部边缘处。树状结构的总位移为3.447×10^{-3}m，也发生在最高级分枝顶部外部边缘处。如图5-15所示为找形后H/200初始缺陷下树状结构荷载-位移曲线。

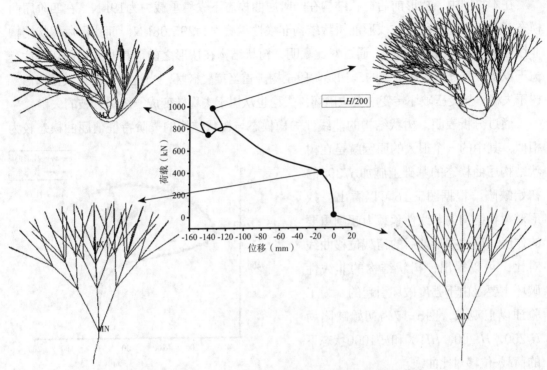

图5-15　找形后H/200初始缺陷下树状结构荷载–位移曲线

X方向最大位移为-0.349×10^{-4}m，出现在一级分枝中部部位和一级分枝与二级分枝连接节点处。Y方向最大位移为3.547×10^{-3}m，也出现在树干根部部位和最高级分枝树梢和五级分枝与四级分枝连接处。Z方向最大位移为-3.94×10^{-3}m，发生在树根部位。树状结构的总位移为3.94×10^{-3}m，也发生在树根部位和最高级分枝顶部外部边缘处。

通过以上3种情况的研究，结果表明，树状结构的非线性失稳模态，一般不受初始缺陷的影响。

3.3　不同幅值对比分析

3.3.1　找形对树状结构非线性承载力的影响

结构失稳的问题本质上就是结构刚度的问题，可以看到，在结构达到最大位移前，结构变形随着荷载的增加由小到大，逐步增加，结构变形稳定，在找形前的树状结构在到达负向最大位移后，荷载继续增加，结构变形发生明显变化，位移从负向位移转向正向位移，此时结构从受压状态转变成受拉状态，树状结构变形从树干失稳转变成树状结构分枝失稳。对比树状结构找形前后荷载-位移曲线，可以看出，在树状结构达到相同荷载的条件下，找形后的树状结构较找形前可以承受更大的荷载，找形后的树状结构在承受851.32kN荷载后出现短暂的下降段。出现下降段后位移变形从开始发生明显变化，见图5-13。但一般情况下，结构的失稳的最大位移要随着跨度的增加而增大，这就直接的证明找形后树状结构稳定性要高于找形前树状结构的稳定性。

在本算例中，找形前后树状结构在一阶屈曲模态下失稳承载力为19kN，在四阶屈曲模态下开始出现分段，在找形前树状结构非线性承载力为295.08kN，而找形后树状结构非线性承载力为362.98kN，通过对比表明，树状结构在找形之前，其非线性破坏往往是树干以及一级分枝破坏引起的，初始阶段是树干首当遭受破坏，当达到负向最大位移后，树干失稳，从受压破坏转变成受拉破坏，失稳也从树干失稳转变成一级级分枝的失稳。

通过分析表明，树状结构的非线性失稳模态与树状结构的一阶特征值屈曲模态较为相似，其中的一个很大的原因就是在树状结构屈曲模态的基础上施加$H/300$的初始缺陷。根据图5-16可以看出，找形对树状结构的非线性承载力起到重要的作用，通过找形前后的荷载位移曲线对比，可以得出，树状结构的非线性破坏主要是由于强度破坏引起的。为了验证以上观点，图5-17为初始缺陷为$H/250$、$H/200$、$H/100$和$H/1000$状态下的荷载-位移对比曲线。

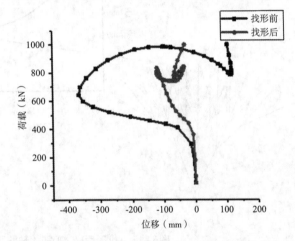

图5-16 初始缺陷为$H/300$条件下找形前后对比图

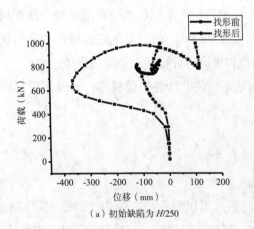

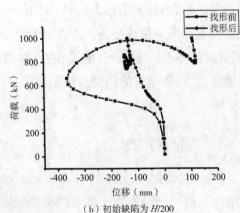

（a）初始缺陷为$H/250$　　　　　　　　　（b）初始缺陷为$H/200$

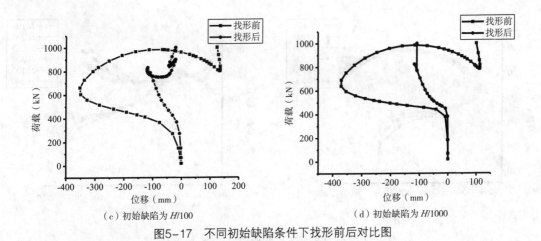

（c）初始缺陷为 $H/100$

（d）初始缺陷为 $H/1000$

图5-17 不同初始缺陷条件下找形前后对比图

3.3.2 初始缺陷对树状结构非线性承载力的影响

在实际结构中不可避免地存在着各种各样的初始缺陷，比如结构安装时产生的初始缺陷，本节为了研究初始缺陷大小对树状结构稳定性的影响，分别设置 $H/2000$、$H/1000$、$H/300$、$H/250$、$H/200$ 和 $H/100$ 为6种初始缺陷情况。

如图5-18所示，给出了树状结构找形前在 $H/2000 \sim H/100$ 不同初始缺陷下的荷载-位移曲线，可以发现在几何非线性条件下结构发生失稳破坏时，不同初始缺陷下的失稳形式基本相同，初始缺陷的大小一般不会影响树状结构的失稳形态。对比分析，随着初始缺陷的增大，结构的非线性承载力逐渐减小，结构的稳定性减小，这主要是因为初始缺陷的增大会导致结构中的构件变形时所承受的弯矩变大，从而导致了结构失稳提前。但是当初始缺陷减小到 $H/1000$ 时，树状结构的非线性承载力的荷载-位移曲线就不如较大的初始缺陷的那么平缓，可以明显看出，荷载位移曲线在很小的位移中就承受很大的荷载，结构的稳定性增大。当初始缺陷增大到一定程度时，结构的稳定性会对初始缺陷敏感。所以，针对与实际的工程项目中，应该使结构构件更加合理，从而减少构件中节点所受到的弯矩，使结构更加稳定。

如图5-18（b）所示，对于找形后的树状结构在不同初始缺陷状态下的荷载-位移曲线，比找形前的曲线对比更加明显，同找形前相似，随着初始缺陷的减小，结构的承载能力逐渐加大，但是对于初始缺陷为 $H/200$ 的荷载位移曲线，在达到初期极限荷载后出现下降段，仍向负向位移。根据图5-15可以看出，此时树状结构高级分枝变形明显，结构从树干破坏更早地转向了分枝破坏。而随着初始缺陷的减小，结构变形减小，稳定性逐步增强，从初始缺陷为 $H/1000$ 和 $H/2000$ 可以明显看出。

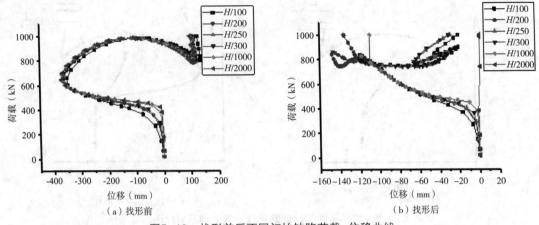

图5-18　找形前后不同初始缺陷荷载-位移曲线

4　本章小结

本节对找形前后的树状结构进行了稳定特性分析。以双单元法建立的树状结构数值模型为基础，提出了树状结构的特征值屈曲分析，并在树状结构特征值屈曲分析的基础上，进行了非线性屈曲分析。结果显示在特征值屈曲分析中，找形对于树状结构的稳定性并没有太大的影响，找形前后并没有明显改变树状结构失稳形态。树状结构的一阶特征值屈曲模态表现为整体倾覆。在给定荷载下，大跨度树状结构的各个分枝因轴向力或者轴向力与弯矩的共同作用，结构发生的失稳位移更加明显。

在特征值屈曲分析的基础上，本节基于几何非线性对树状结构的整体稳定性进行了非线性分析。找形前树状结构受初始缺陷影响不大，找形后树状结构在失稳后仍能在一定范围内承担荷载，尤其是当初始缺陷减小到$H/2000$时，结构受非线性影响减小，失稳位移也减小。

通过树状结构整体稳定性分析发现，树状结构依靠树干、一级分枝以及结构跨度对结构的稳定性起着明显的作用，设计时可以通过增加树干和一级分枝刚度，减小结构跨度等方法来提高树状结构的稳定性。

第六章　欧拉稳定承载力约束下的树状结构找形－优化研究

1　概述

由于美观的造型以及高效的结构效率，树状结构越来越多地应用于大型建筑以及地标性建筑。树状结构对于自身形态有严格的要求，只有在合理的布置下，各个构件才只受到轴向力作用。找形是目前有关树状结构研究的主要问题。对于树状结构，在保证各个构件只受到轴向力的同时，应该对各个构件的长度也进行优化，确保整体结构的稳定极限承载力最大化。本节基于先前提及的双单元法提出了基于双单元数值模型的找形迭代程序，计算结果表明利用该方法所得到的树状结构形态在给定荷载作用下只受到轴向力的作用，满足要求；在此基础上，本节对树状结构各分枝的几何长度也进行了优化，提出了树状结构强耦合找形-优化算法。研究结果表明，各个构件的计算长度系数和截面特性可以在该算法中得到精确的考虑，完全适用于空间树状结构的找形优化分析。

目前关于树状结构的主要问题就是通过找形分析以寻求最合理的受力形式。找形分析就是通过合理安排各分枝的空间位置，在给定荷载的作用下使其只受到轴向力的作用。武岳对树状结构的找形和计算长度系数等问题进行了一系列深入的研究，提出了一种树状结构的找形新方法——逆吊递推找形法，逆吊递推找形法生成的树状结构的所有构件均只受轴向力作用，完全满足找形的要求。Kolodziejczyk通过将丝线模型浸在水中，利用水的表面张力作用实现树状结构找形。此外，Buelow提出干丝线模型方法对树状结构进行找形。Hunt提出将树状结构的全部节点看成是铰接，然后施加竖向滑动的虚拟枝座，通过迭代减小虚拟枝座的反力来进行找形。陈志华通过所提出的连续折现索单元来解决了树状结构的找形问题。

目前有关树状结构找形的方法已有很多，比较成熟。但是积极探索更为简单实用的找形方法对于树状结构的推广应用是大有裨益的。另外，目前已有的找形方法没有对各个分枝的几何长度进行优化。众所周知，找形后树状结构的各个构件只受到轴向压力的作用，在压力作用下，构件会出现失稳。所有构件的最小稳定承载能力确定了整个树状结构的稳定承载能力。因此，对杆件的稳定承载能力进行优化可以提高整体结构的稳定承载能力，而目前有关该项研究的文献很少。本节提出了利用双单元数值模型的迭代过程对树状结构进行找形分析的数值分析方法，在此基础上，利用各个构件在给定荷载作用下的内力对其几何长度进行优化，提出了集找形与优化为一体的高效迭代算法——树状结构强耦合找形优化算法。

2 双单元法

由于丝线模型只能承受轴向荷载而经常被用来对树状结构进行找形分析，所得到的树状结构形态自然不会有弯矩的存在。基于该原理，本节提出了利用双单元模型模拟丝线的方法。双单元法的每个线单元由两个单元组成，即杆单元和梁单元（图6-1）。杆单元的横截面积远大于梁单元，给梁单元赋予一个很小的抗弯刚度，以克服双单元树状模型由于刚度矩阵不满秩而导致的无法求解的问题。由于具有很小的抗弯刚度，双单元可以很好地模拟丝线模型。有关双单元的详细信息在第二章已经介绍，本章不再赘述。

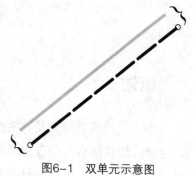

图6-1　双单元示意图
（单位：mm）

3 基于双单元法的树状结构找形分析

3.1 找形迭代算法

基于所建立的双单元数值模型，本节对树状结构找形的迭代程序进行了研究。由于荷载施加的位置往往取决于实际条件，所以可以认为荷载的位置是预先设定好的，也就是说施加荷载的节点坐标是固定的。同时，树干也必须是竖直方向。因此，本节提出的迭代程序如下：

首先，将所施加的荷载反向，也就是施加竖直向上的点荷载。将所施加荷载节点的水平自由度进行约束，释放竖向自由度，约束树干底部节点的所有自由度，然后进行非线性静力分析。提取所有节点的水平位移，将水平位移与原节点坐标求和作为新的节点坐标，再以新的节点坐标建立树状结构的双单元数值模型，重新计算，直到节点的最大位移小于允许误差为止。具体的流程图如图6-2所示。

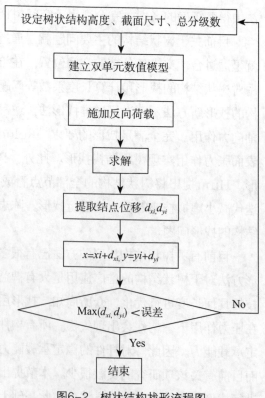

图6-2　树状结构找形流程图

3.2 算例

基于上述所提出的迭代程序，对图6-3所示树状结构进行了找形分析。该树状结构所用双单元中，杆单元的截面面积设为$1\times10^{-3}m^2$，梁单元的截面面积设为$1\times10^{-6}m^2$，梁单元的轴惯性矩为$2\times10^{-10}m^4$。

如图6-4所示为找形后树状结构的内力云图。从图中可以看出，在给定荷载作用下，树状结构的弯矩远远小于轴向力，以至于可以忽略弯矩的存在。将本节找形后所得树状结构的结果与Hunt所得结果进行了对比研究，如图6-5所示。从计算结果可以看出，两个高度吻合，说明本节基于双单元的找形迭代程序具有很高的精度，同时也具有很高的效率，避免了繁重的编程工作。

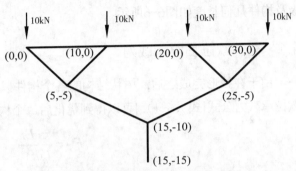

图6-3 树状结构初始形状及荷载（单位：cm）

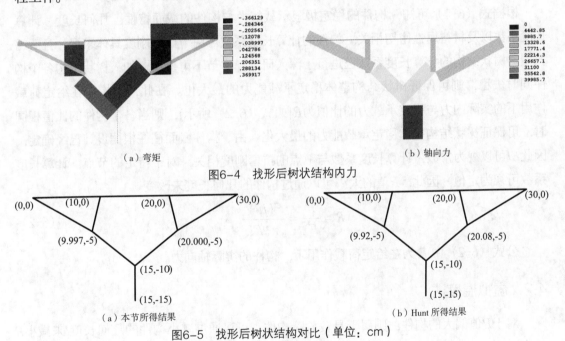

（a）弯矩　　　　　　　　　　（b）轴向力

图6-4 找形后树状结构内力

（a）本节所得结果　　　　　　　（b）Hunt所得结果

图6-5 找形后树状结构对比（单位：cm）

4 基于欧拉临界承载力的优化分析

在以上的找形过程中，只是保证了每个构件受到轴向压力的作用，树状结构各个分枝节点的竖向坐标是预先设定好的。但是，这种设计未必合理，并不能保证整个树状结构的稳定承载能力的最大化。根据"木桶理论"，树状结构的整体稳定承载能力由稳定承载能力最小的构件决定。因此，可以说当树状结构各个构件同时失效时，树状结构的节点定位、构件长度将是最为合理的。因此，本节在以上研究的基础上，根据压杆的欧拉稳定承载能力对各个构件的长度进行了优化理论的研究。树状结构的结构分级及构件几何长度如图6-6所示。

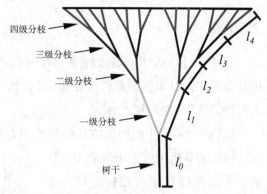

图6-6　树状结构分级及几何长度示意

4.1　构件欧拉临界承载力

由于在找形完成之后，树状结构的各个构件只受到轴向压力的作用，根据压杆稳定及欧拉承载力公式[式（6-1）]可以得到优化后每个构件的稳定极限承载能力。

$$F_{cr} = \frac{\pi^2 EI}{(\mu l)^2} \tag{6-1}$$

式中μ、l、E、I分别为构件计算长度系数、几何长度、材料弹性模量以及截面的轴惯性矩。由于树状结构往往都采用圆形截面，因此可不必区分强轴和弱轴。

根据式（6-1）可知，构件的稳定极限承载能力与构件的截面特性、几何长度、计算长度系数以及材料属性密切相关。构件的计算长度系数可由节点的刚度具体求得，且武岳教授对树状结构的计算长度系数已进行了深入研究，本节不再赘述。加入树状结构各个构件同时失稳，则可保证树状结构整体稳定承载能力的最大化。在此，设构件在给定荷载作用下的实际内力与稳定承载力的比值为R[如式（6-2）所示]，则当各个构件的比值相同时，可保证树状结构整体稳定承载能力的最大化。由于构件截面往往根据设计已经确定，因此EI可以视为常数，计算长度系数与节点的抗弯刚度相关，对于特定的节点，计算长度系数可视为定值。因此，R值的大小可以通过构件的几何长度来改变。

$$R = \frac{F}{F_{cr}} = \frac{F(\mu l)^2}{\pi^2 EI} \tag{6-2}$$

公式（6-2）中F为在给定荷载作用下，构件的实际轴向力。

4.2　虚拟温度法

对于R值偏大的构件，则属于是较危险构件，可以通过减小构件的几何长度l来减小R的大小。同样，对于R值较小的构件，则可通过增加l的大小来增大R值。在数值模型中，构件几何长度的大小可以通过施加温度荷载的方式改变。由于温度在实际中并不存在，因此称为虚拟温度法。假如某一树状结构的构件数为n，其中第i个构件的内力，计算长度系数、几何长度、截面特征参数分别为F_i、μ_i、l_i、$E_i I_i$。则将、所有构件的R值求平均：

$$R_{ave} = \frac{\sum\limits_{i=1}^{n} \frac{F_i (\mu_i l_i)^2}{\pi^2 E_i I_i}}{n} \tag{6-3}$$

然后进一步求出各个构件的内力比R_i与R_{ave}的差值，如公式（6-4）所示。根据R_i与R_{ave}的差值对构件施加虚拟温度，如公式（6-5）所示。

$$\Delta R_i = R_{ave} - R_i \tag{6-4}$$

$$\Delta T_i = \frac{\Delta R_i \times F_{cr}}{\alpha_i E_i l_i A_i} = \Delta R_i \times \frac{\pi^2 E_i I_i}{(\mu_i l_i)^2} \times \frac{1}{\alpha_i E_i l_i A_i}$$

$$= \frac{\pi^2 \Delta R_i I_i}{\alpha_i \mu_i^2 l_i^3 A_i} \tag{6-5}$$

式中α_i、A_i为第i个构件的线膨胀系数和横截面面积。

当ΔR_i的值为负数时，即R_{ave}小于R_i，则构件的内力比大，则应施加负温以减小构件的几何长度，反之同理。

4.3 找形优化迭代程序

当ΔR_i趋于0时，可知各个构件的内力比趋于一致，此时可保证整体树状结构稳定承载能力的最大化。在以上推导结果的基础上，本节提出了使ΔR_i趋于0的迭代程序，如图6-7所示。在首次计算时，在树状结构的顶部节点施加向上的设计荷载，求解后，提取各个构件的内力和各个节点的水平位移，将节点水平位移值与节点水平坐标相加作为新的节点水平坐标，并按式（6-1）~式（6-5）计算各个构件所需施加的温度荷载；然后按照新的节点坐标重新建模，约束顶部节点的竖向自由度，施加温度并求解，将节点竖向位移值与节点纵坐标相加作为新的节点纵坐标，其中m是所进行的计算分析的次数。

经过反复迭代以调整每个构件的长度，从而使各个构件的内力比趋于相同。需要说明的是，在内力比计算过程中所采用的截面特性是构件的真实值。

5 优化结果分析

5.1 平面树状结构

为简化计算，本节将同一级所有分枝的计算长度系数设置为相同的数值。基于所提出的优化方法，本节对平面树状结构的找形优化进行了系统分析，如图6-7所示为构件长度优化迭代流程图。将各级分枝的截面特性及计算长度系数设置为不同的参数，树干及各级分枝的截面参数如表6-1所示。其中，I_G、A_G和A_i、I_i分别表示树干和第i级分枝的轴惯性矩和截面面积；各级分枝的计算长度系数如表6-2所示。同理，μ_G和μ_i分别表示树干和第i级分枝的计算长度系数。所采用的树状结构的荷载及初始形状如图6-8所示。

假设树状结构的截面特性和计算长度系数分别采用S_I和μ_I，在给定荷载作用下进行了找形优化分析。图6-9所示为经过不同迭代次数后，树状结构的形状。从所示计算结果可以看出，通过采用所提出的方法，不合理的构件长度可以被快速地优化。由于树干的截面面积和惯性矩较大，且计算长度系数小，因此经过迭代后树干的长度减小。由于树状结构边缘构件的内力较小，因此优化后，边缘构件的几何长度普遍大于树状结构内部构件的几何长度。同时还可以看出，在经过2000次迭代后，树状结构的形状几乎不再改变，说明本方法同时作为树状结构的找形和优化方法是非常高效的。

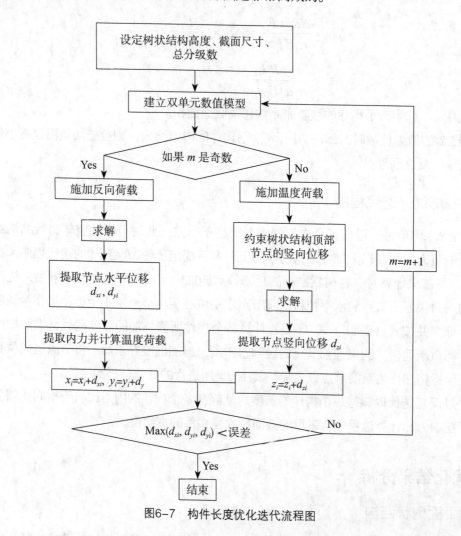

图6-7 构件长度优化迭代流程图

表6-1 不同情况下平面树状结构截面参数

编号	I_G（m^4）	I_1（m^4）	I_2（m^4）	I_3（m^4）	I_4（m^4）	A_G（m^2）	A_1（m^2）	A_2（m^2）	A_3（m^2）	A_4（m^2）
S_I	1×10^{-4}	8×10^{-5}	6×10^{-5}	4×10^{-5}	2×10^{-5}	0.018	0.016	0.014	0.012	0.01
S_{II}	3×10^{-4}	8×10^{-5}	6×10^{-5}	4×10^{-5}	2×10^{-5}	0.030	0.016	0.014	0.012	0.01
S_{III}	1×10^{-4}	8×10^{-3}	6×10^{-5}	4×10^{-5}	2×10^{-5}	0.018	0.16	0.014	0.012	0.01

表6-2　不同情况下平面树状结构计算长度系数

编号	μ_G	μ_1	μ_2	μ_3	μ_4
μ_I	1.0	1.0	1.0	1.0	1.0
μ_{II}	1.0	1.2	1.4	1.6	1.8
μ_{III}	1.0	1.2	1.4	1.8	3.0
μ_{IV}	1.0	3.0	1.4	1.8	2.0

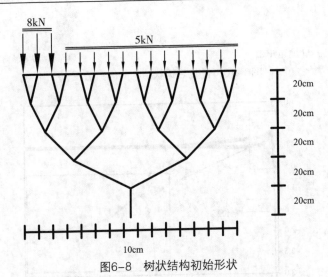

图6-8　树状结构初始形状

（a）第10次　（b）第50次　（c）第100次　（d）第200次　（e）第300次

（f）第500次　（g）第1000次　（h）第2000次　（i）第6000次　（j）第10000次

图6-9　优化过程中树状结构形态变化（S_1和μ_1）

图6-10所示为优化后树状结构的内力云图。从图中可以看出，在优化构件长度的同时，本方法同时还可以为树状结构找形，找形后构件的弯矩数量级约是轴向力的1%，基本可以忽略。本方法可以将优化与找形两个工作耦合在一个迭代程序中，而且收敛速度快，图6-11所示为节点18（位置见图6-8）在收敛过程中x向和y向位移的变化过程。从图中可以看出，节点18的位移很快减小为0，在大约迭代2500次后，节点18的位置不再变化，整个树状结构的优化找形过程已经完成。

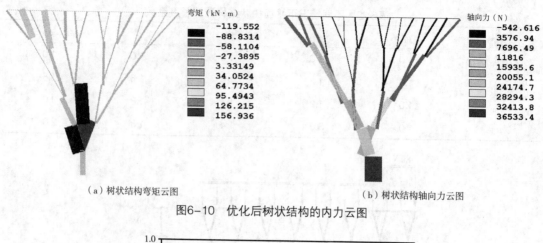

（a）树状结构弯矩云图   （b）树状结构轴向力云图

图6-10　优化后树状结构的内力云图

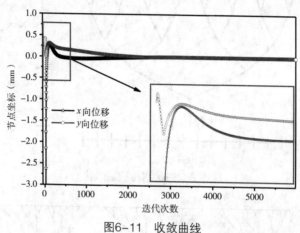

图6-11　收敛曲线

　　表6-1和所示的不同参数进行了组合，分别得到了不同参数组合下树状结构的最优结果，如图6-12所示。图6-12（a）表明，当各级分枝的计算长度系数与树干相同时，树干的长度要明显小于其他情况。从图6-12（c）可以看出，随着第四级分枝计算长度系数的增大，该级分枝的几何长度明显减小。图6-12（d）也表明随着第一级分枝计算长度系数的相对增大，第1级分枝的几何长度也明显减小。因此，计算结果表明，计算长度系数的影响可以在本计算方法中得到精确的反映。

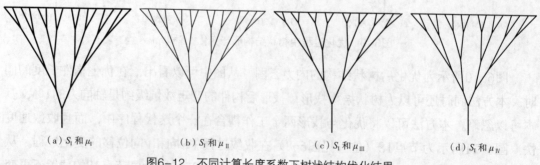

（a）S_I和μ_I　　　　　　（b）S_I和μ_{II}　　　　　　（c）S_I和μ_{III}　　　　　　（d）S_I和μ_{IV}

图6-12　不同计算长度系数下树状结构优化结果

5.2 空间树状结构

在实际工程中，树状结构都是空间的。为了验证本节所提方法对于空间树状结构的适用性，本节对空间树状结构的优化找形进行了分析，所建柱状结构如图6-13所示。该树状结构的所有顶点不在一个平面内，而是位于一个近似球形的曲面内。所有节点施加10kN的竖直方向的集中力。不同情况下各个构件的计算长度系数和截面特性如表6-3和表6-4所示。

| （a）前视图 | （b）俯视图 |

图6-13 空间树状结构示意图

表6-3 不同情况下空间树状结构计算长度系数

编号	μ_G	μ_1	μ_2	μ_3
μ_I	1.0	2.0	3.0	4.0
μ_{II}	2.0	2.0	3.0	4.0

表6-4 不同情况下空间树状结构截面参数

编号	I_G（m^4）	I_1（m^4）	I_2（m^4）	I_3（m^4）	A_G（m^2）	A_1（m^2）	A_2（m^2）	A_3（m^2）
S_I	8×10^{-5}	6×10^{-5}	4×10^{-5}	2×10^{-5}	0.016	0.014	0.012	0.010

优化后树状结构的内力云图如图6-14所示。从计算结果可以看出，树状结构轴向力大约是弯矩最大值的两万分之一。弯矩值相对于轴向力很小，以致可以忽略，认为构件只受轴向力的作用。不同情况下空间树状结构优化找形后的结果如图6-15所示。从分析结果可以看出，所提出的方法对于三维空间在树状结构同样可以快速高效地得到精确的结果，具有较强的工程适用性。基于S_I和μ_I所得结果的一级分枝长度要明显小于基于S_I和μ_{II}所得到的一级分枝长度，从不同的结果对比可以看出，构件的计算长度系数同样可以在找形结果中得到精确的反映。

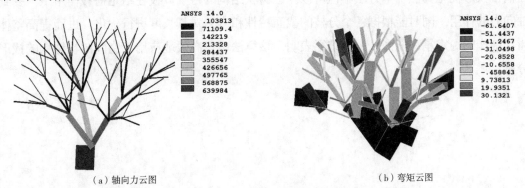

| （a）轴向力云图 | （b）弯矩云图 |

图6-14 空间树状结构内力云图

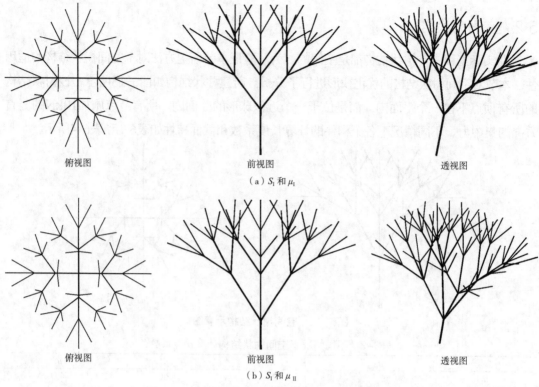

俯视图　　　　　　　　前视图　　　　　　　　透视图

（a）S_1 和 μ_1

俯视图　　　　　　　　前视图　　　　　　　　透视图

（b）S_1 和 μ_{II}

图6-15　不同计算长度系数下树状结构优化结果

6　本章小结

　　本章对树状结构的找形优化进行了较为系统的研究。在利用双单元建立的树状结构数值模型的基础上，提出了树状结构的找形迭代程序，结果显示该迭代程序可以高效快速地得到满足要求的树状形态。在给定荷载下，该树状结构的各个分枝只受到轴向力的作用，弯矩很小可以忽略。

　　在找形的基础上，本章基于压杆欧拉稳定承载力对树状结构的分枝长度进行了优化分析。提出了基于虚拟温度法的优化程序，并将找形程序与优化程序结合提出了树状结构的强耦合找形优化算法。本方法不但可以保证树状结构的各个分枝在给定荷载作用下只受到轴向力的作用，同时能根据各个分枝的截面特性和内力对其长度进行优化，进而提高整体树状结构的稳定承载能力。分析结果表明，该算法可以高效地应用于空间树状结构的找形分析。

第七章　网壳结构优化的强耦合找形优化算法

1　概述

由于网壳结构跨度大，造型新颖，现在被广泛应用于建筑结构中。因为这些结构通常由细长的梁杆构件集合而成，所以这就可能导致整个网壳结构的屈曲。本节提出了在优化网壳结构中各构件屈曲承载力时消除弯矩的一种找形方法。本节中提出的方法——强耦合找形优化算法，可用于优化各构件的几何长度。在优化分析中可以精确地考虑有效长度系数、截面面积和惯性矩。构件长度也可根据轴向力和几何参数进行优化。本研究可系统地被应用于网壳结构的设计、分析和优化。

网壳结构通常由成千上万个特定节点连接的构件组成。网壳结构的构件主要在空间中承受荷载，因此它主要受轴向力的作用。与其他结构形式相比，网壳结构的结构形式具有更高的结构效率。构件的弯矩，特别是单层网壳结构中的弯矩，虽然小于轴向力，但也不可忽视。因此，在网壳结构的设计中需要一种消除弯矩的找形方法。由连续介质材料组成结构的拓扑优化方法已经比较成熟。Burman提出了一种用于线弹性找形的切割有限元方法。弹性域由水平集函数定义。Picelli提出了一种求解最小应力、应力挤压变形和拓扑优化问题的水平集方法。结果表明，该方法能有效地解决单倍荷载和多倍荷载方案的问题，从而获得光滑边界的解。微观方法是应用最广泛的方法，特别是采用惩罚（SIMP）技术的固态各向同性材料。另一种微观方法是谢亿民和Steven提出的结构进化优化方法，它是目前唯一可行并用来替代SIMP方法的方法。现有的研究主要集中在连续介质中材料的拓扑优化。Ghasemi提出了一种基于多种材料而成的柔性电复合材料的拓扑优化的计算设计方法。结果表明，该方法具有良好的灵活性和显著的增强效果。Rabczuk等人，提出了基于NURBS的逆分析与运动学和本构非线性的结合来恢复薄壳结构的荷载和变形的一种原始工作方法。结果表明，该算法在壳体结构计算机辅助制造中具有良好的性能和适用性。Feng基于遗传算法提出了网壳结构两阶段拓扑优化方法。这种方法是以钢管质量为优化目标，结果表明该方法的有效性和正确性。关于网壳结构拓扑优化的研究至今还很有限，研究的结果多数以网壳结构的找形分析为主，比如说显著动态松弛法和力密度法。然而，这些方法通常被用来求解拉伸结构的平衡态，而且只有少数实用的方法可以用来开发设计单层网壳结构的形状。吴建国对网壳结构的形状优化进行了系统的研究，将两阶段算法应用于球面网壳结构的形状优化分析。作者也提出了一种网壳结构的形状优化方法，但这种方法要求具有相同竖向坐标的节点一起移动。因此，无法对单个构件进行优化，这些缺点在一定程度上制约了这种优化方法的应用。本节将优化算法与网壳结构的找形方法相结合。基于欧拉临界荷载理论，在找形分析中可以对构件长度进行优化。在反复的优化分析中可以将构件的弯矩减为零，通过调整构件长度可以显著提高整体结构的屈曲承载力。本节的主要工作是根据构件的内力对构件的长度进行优化，并对受压构件进行优化。考虑到实际的荷载条件，可以整个结构中的材料分布进行优化。这种方法的主要目的是通过形状优化来减小构件的弯矩，同时通过改变构件长度来优化构件的长细比。本节提出的强耦合找形优化算法（SCFOA）可系统地应用于网壳结构的设计、分析和优化。

2 强耦合找形优化算法

网状结构的构件非常细长。因此，当压力增加到一定程度时，可能发生屈曲。不同构件的屈曲承载力可能不同，整个结构的屈曲承载力总是由屈曲承载力最低的构件决定的。因此，在形状优化中应考虑构件长度。但是，这种方法不考虑节点的垂直坐标。因此，当屈曲不可避免时，应改进该技术。所以，就提出强耦合找形优化算法（SCFOA）。该算法应正确考虑影响构件屈曲承载力的各个参数，包括有效长度系数、截面面积和惯性矩。

根据所提出的强耦合找形优化算法，可以得到不同荷载组合或约束条件下网壳结构的优化形状。在本分析中，节点的垂直坐标没有改变，导致构件长度在结构的上部比下部短。相反，下部构件长度的轴向力远大于上部构件长度的轴向力。根据欧拉临界载荷，这个条件是不合理的。当上部构件上的应力保持非常低时，下部构件可能发生屈曲。连续体结构与网壳结构的主要区别在于构件的稳定性，在处理网壳结构时应认真考虑构件的稳定性。组件的优化布局应优先考虑材料强度。构件的同时屈曲是合理的，因为不会浪费材料。

一个构件的屈曲承载力可根据公式（7–1）表示：

$$F_{cr} = \frac{\pi^2 EI}{(\mu l)^2} \tag{7-1}$$

式中 μ 为有效长度系数，与连接件的抗弯刚度有关；l 表示构件的长度；E 和 I 分别表示弹性模量和面积二阶矩。

2.1 强耦合找形优化算法理论

经找形分析，构件主要受轴向力。各构件的屈曲承载力可从公式（7–2）中求得。各构件的屈曲承载力与材料的截面特性、几何长度和弹性模量密切相关。有效长度系数可以使用前一节中介绍的方法确定。

当各构件同时屈曲时，可以使整体结构的屈曲承载力达到最大。这种情况是由于屈曲能力总是由屈曲能力最低的构件根据木桶原理确定的。特别是要加强薄弱环节，弱化薄弱环节。

构件轴向力与屈曲承载力之比 R 可用公式表示。然后，当每个分量的 R 值相同时，这些分量可以同时屈曲。此外，屈曲承载力可以最大化。EI 的值被认为是常数，因为它是在设计阶段确定的。有效长度系数与转动刚度密切相关，在特定连接处视为常数。因此，可以通过改变每个组件的几何长度来优化R。

$$R = \frac{F}{F_{cr}} = \frac{F(\mu l)^2}{\pi^2 EI} \tag{7-2}$$

其中F是在给定荷载作用下的实际轴向力。

当R较大时，构件处于风险中。这种风险可以通过减小几何长度来降低。同样，当R的值很小时，几何长度也可以增加。在数值模型中施加温度荷载可以改变几何长度。这种方法也被称为虚拟温度法。各构件的温度荷载按R的相对值确定，R的平均值按公式（7-3）计算。

$$R_{\text{ave}} = \frac{\sum_{i=1}^{n} \dfrac{F_i(\mu_i l_i)^2}{\pi^2 E_i I_i}}{n} \tag{7-3}$$

式中，F_i、μ_i、l_i和$E_i I_i$分别是第i个分量的轴向力、有效长度系数、几何长度和截面特性；n是优化中包含的分量数。R_i与R_{ave}之差可按公式（7-4）计算，而第i分量之温度负荷可按公式（7-5）计算。

$$\Delta R_i = R_{\text{ave}} - R_i \tag{7-4}$$

$$\Delta T_i = \frac{\Delta R_i \times F_e}{\alpha_i E_i l_i A_i} = \Delta R_i \times \frac{\pi^2 E_i I_i}{(\mu_i l_i)^2} \times \frac{1}{\alpha_i E_i l_i A_i} = \frac{\pi^2 \Delta R_i I_i}{\alpha_i \mu_i^2 l_i^3 A_i} \tag{7-5}$$

式中α_i和A_i分别是第i分量的线膨胀系数和截面积。

当R_{ave}大于R_i时，应向第i个部件施加正温度载荷。因此，第i个组件的几何长度应该增加。值得注意的是，当受拉构件不存在屈曲现象时，可以对所有构件或仅对受压构件执行优化。图7-1为不同条件下构件长度优化的示意图。在优化过程中，张拉构件的长度可以保持不变。在某些情况下，也可以优化张拉构件的长度，以保持均匀的网格尺寸。

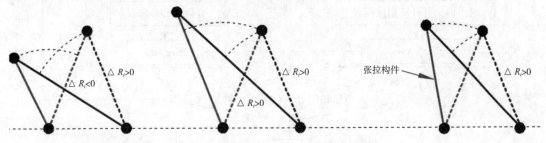

图7-1　基于轴向力的长度优化示意图

该方法的主要目的是通过形状优化来减小构件的弯矩，通过改变节点位置来优化构件的长细比。优化方程可表示为：

$$\text{Minimize}: M \text{ and maximize}: P \tag{7-6}$$

$$\text{Subjected to}: x_{\min} < x < x_{\max}, \ y_{\min} < y < y_{\max}, \ z_{\min} < z < z_{\max} \tag{7-7}$$

M为构件弯矩；P为整体结构的屈曲承载力；$x_{\min}$、$y_{\min}$、$z_{\min}$为设计中的最小节点坐标；x_{max}、y_{max}、z_{max} 为设计中的最大节点坐标。

2.2　强耦合找形优化算法的实现

由公式（7-4）可知，当 ΔR_i 的值接近零时，R_i 的值趋于相同，从而使整体结构的屈曲承载力达到最大。如图7-2所示为上述工作的基础上提出的迭代程，通过执行迭代程序，可以将 ΔR_i 的值减小到零。连续进行了找形分析和优化分析。提取水平节点位移，得到温度荷载。新的节点位移可以由现有的节点坐标和水平节点位移导出，然后应用在最后一次找形分析中导出的温度荷载，推导了节点坐标在垂直方向的节点的垂直位移。重复这些步骤，直到最大节点位移小于允许误差。

由于受拉构件不存在稳定性问题，因此未对受拉构件的长度进行优化。张拉构件不适合优化，一些节点坐标可以根据结构设计或实际情况确定，因此，在找形分析或优化过程中，这些节点的坐标不会发生变化。

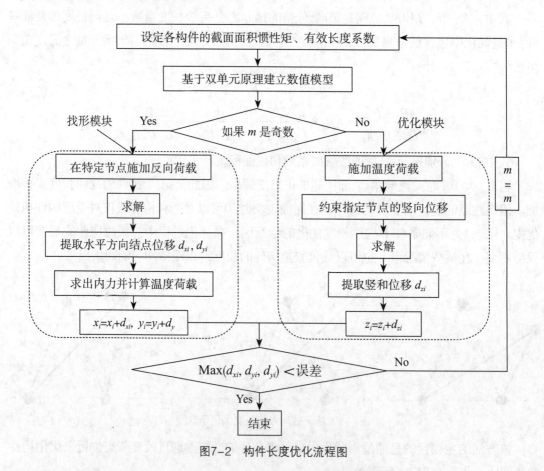

图7-2　构件长度优化流程图

3　找形方法的验证

为了验证该方法的适用性，首先对网壳结构进行了找形分析。分析结构的几何信息如

图7-3所示，对内环节点施加20kN集中力。双单元的截面面积（A）和截面二阶矩（I）分别设置为$1×10^{-4}m^2$和$2×10^{-6}m^4$，约束了结构底部节点的水平自由度和顶部节点的水平自由度。

在所提出的形状优化的基础上进行找形分析（图7-4），进行了2000次迭代分析。优化后的分析结构形状如图7-5所示，在优化结构的基础上，对给定荷载进行了反演和分析。根据图7-5所示轴向力云图和弯矩云图，弯矩远低于轴向力，可以忽略不计。因此，利用本文提出的双单元法，可以求出网壳结构在给定荷载作用下的优化形状。

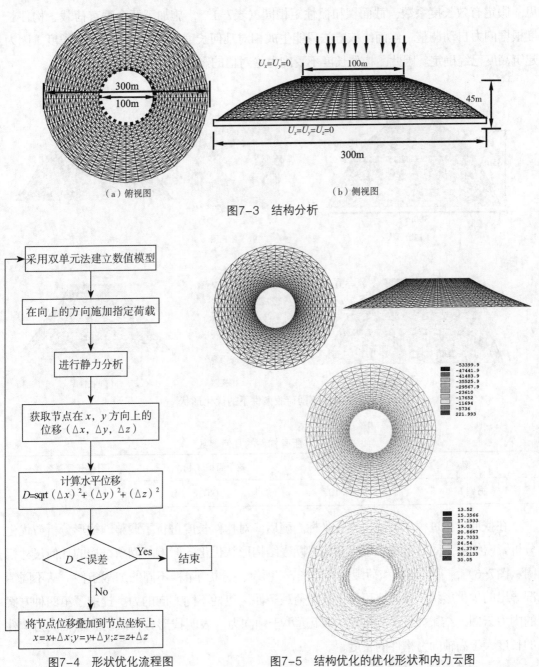

（a）俯视图　　　　　　　　　　　　　　（b）侧视图

图7-3　结构分析

图7-4　形状优化流程图　　　　图7-5　结构优化的优化形状和内力云图

4 强耦合找形优化算法的影响因素

4.1 加载条件的影响

利用所提出的强耦合优化算法对一个网壳结构进行了找形和优化分析，优化后的网壳结构形状必须与荷载类型和荷载位置密切相关。首先研究了不同加载条件下的优化形状，同时验证了该方法的适用性。图7-6给出了网状结构的几何尺寸和初始形状，为了简单起见，假定有效长度系数、截面积和惯性矩相同（表7-1），施加了两个垂直荷载。构件长度根据内力自动调整。然而，该方法只能生成相对几何长度，而不是绝对几何长度，因为建筑高度已经确定。因此，构件长度不受内力绝对值的影响。

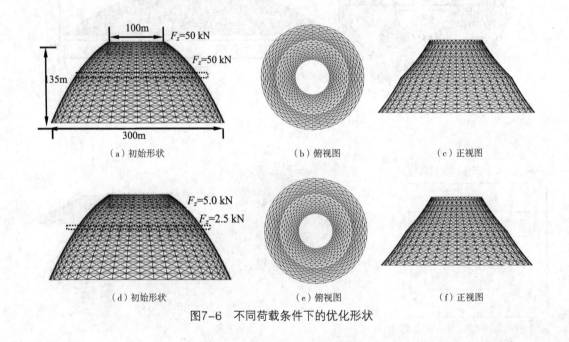

（a）初始形状　　　　　　　　（b）俯视图　　　　　　　　（c）正视图

（d）初始形状　　　　　　　　（e）俯视图　　　　　　　　（f）正视图

图7-6　不同荷载条件下的优化形状

表7-1　所有构件的几何参数

方案	惯性矩 I（m^4）	截面面积 A（m^2）	有效长度系数 μ
方案 I	8×10^{-5}	0.016	2

在找形分析过程中调整了垂直坐标。随后，对构件长度进行了调整。找形分析与优化分析紧密结合，同时考虑了水平荷载对网壳结构形状优化的影响。网状结构的几何尺寸相同（图7-6），初始形状和荷载条件如图7-7所示，分析了4种不同的加载条件，从不同情况导出的优化形状。该方法可用于各种荷载条件，包括不同方向的力。提取了第四种方案的内力云图，结果如图7-8所示，弯矩远小于轴向力，表明找形分析成功。低轴向力构件的长度大于高轴向力构件的长度。

结果表明，经过4000次迭代后，节点水平位移接近于零，经过18 000次迭代后，节点垂直位移接近于零。R_{ave}趋于稳定，因为公式（7-2）中所有影响因素的R值趋于相同。

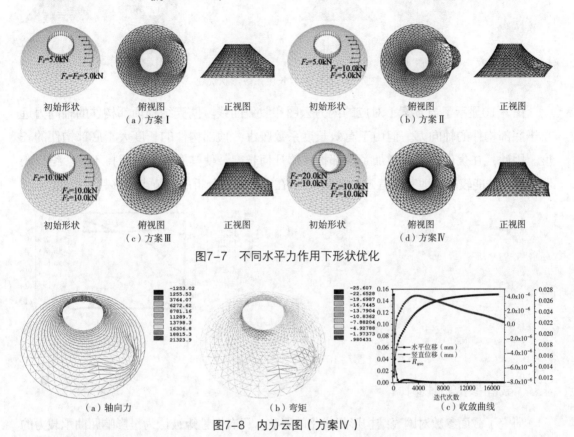

图7-7　不同水平力作用下形状优化

图7-8　内力云图（方案Ⅳ）

4.2　有效长度系数的影响

本节研究了有效长度系数对网壳结构形状优化的影响。不同位置构件的有效长度系数设定值不同。在方案Ⅰ中，蓝色组分的有效长度系数设置为5，其他组分的有效长度系数设置为1[表7-2，图7-9（a）]，所有构件的截面积和惯性矩设置为与方案Ⅱ相同。导出的优化形状如图7-9所示。上部构件的有效长度系数小于下部构件的有效长度系数。因此，在几何长度相同的情况下，上部构件的屈曲承载力高于下部构件的屈曲承载力。因此，上部件的几何长度增大，下部件的几何长度减小，与方案Ⅱ相反。在方案Ⅰ和方案Ⅱ之间的比较中可以清楚地观察到这种差异。

表7-2　所有构件的几何参数

方案	惯性矩 I（m⁴）	截面积 A（m²）	有效长度系数 μ_1	有效长度系数 μ_2
方案Ⅰ	8×10^{-5}	0.016	1	5
方案Ⅱ	8×10^{-5}	0.016	5	1

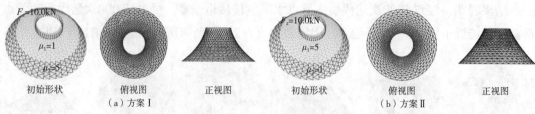

图7-9　不同有效长度系数形状优化

图7-10显示了与方案Ⅰ对应的内力云图和收敛曲线。网壳结构顶部构件的轴向力远小于底部构件的轴向力。但由于有效长度系数较小，顶部构件的长度大于底部构件的长度。因此，在优化过程中增加了顶部构件的几何长度，使其屈曲能力保持不变。结果表明，该方法能较准确地考虑有效长度系数μ。在充分重复分析后，节点位移趋于稳定。

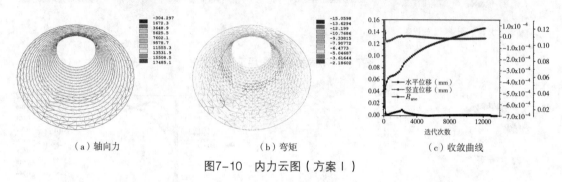

（a）轴向力　　　　　　　　（b）弯矩　　　　　　　　（c）收敛曲线

图7-10　内力云图（方案Ⅰ）

4.3　截面参数的影响

研究了截面参数对网壳结构形状优化的影响。只有惯性矩被认为是影响屈曲承载力的主要因素。截面参数信息见表7-3。

表7-3　所有构件的几何参数

方案	惯性矩 I_1（m^4）	惯性矩 I_2（m^4）	截面积 A（m^2）	有效长度系数 μ
方案Ⅰ	8×10^{-5}	40×10^{-5}	0.016	1
方案Ⅱ	40×10^{-5}	8×10^{-5}	0.016	1

各构件的有效长度系数均设为1。在方案Ⅰ中，蓝色部件的惯性矩被设置为$40\times10^{-5}m^4$，其他部件的惯性矩被设置为$8\times10^{-5}m^4$，与方案Ⅱ中的情况相反。从不同条件导出的优化形状如图7-11所示，在强耦合找形优化算法中也可以精确地考虑惯性矩。

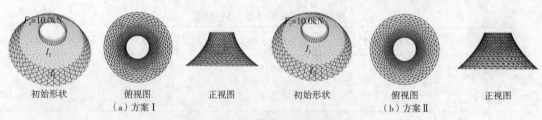

图7-11　不同截面参数的优化形状

5　本章小结

本节提出了强耦合找形优化算法。通过找形分析，可以将构件的弯矩降到极小值。同时，构件被视为只受轴向力。根据欧拉临界载荷，可以对受压构件的长度进行优化。构件长度的找形与优化是耦合的。考虑了构件的有效长度系数和转动惯量等影响构件屈曲承载力的参数，可以准确地反映构件的屈曲承载力。此外，还可以根据实际情况确定具体节点的位置。本节的研究成果可用于网壳结构的设计、分析和优化。在这项研究中，我们可以直接用电脑进行分析，这种算法对网壳结构的形状优化分析具有显著的效果。

第八章 考虑杆件失稳约束的网壳形状优化

1 概述

网壳结构由于其跨越能力大、造型新颖而被广泛采用。网壳结构通常包括允许任意曲率的细长梁杆件。网壳结构的一个显著特点是杆件在空间中受力，因此主要受轴向力。此外，结构效率显著高于其他结构类型。然而，杆件的弯矩虽然小于轴向力，但仍不能忽略，尤其是单层网壳结构。如果杆件主要承受轴向力和可忽略的弯矩，则可以有效地利用材料：这些条件可以通过特定的配置来实现。因此，在网壳结构的设计中，需要一种消除弯矩的找形方法。

目前，已经开发了许多成熟的技术用于结构拓扑优化。这些方法更侧重于连续体的拓扑优化。Burman开发了一种在线弹性情况下形状优化的切割有限元方法，弹性域由水平集函数定义。Picelli提出了一种水平集方法来解决最小应力和应力约束的形状和拓扑优化问题。Rozvany提出的实体各向同性材料惩罚函数法（SIMP）来确定结构的宏观性能，是应用最广泛的方法。由谢依民和Steven提出的渐进结构优化法，是目前是SIMP方法唯一可行的替代方法。上述工作主要是关于连续体材料的拓扑优化问题。

在网壳结构的设计中也开发了许多找形技术，例如动态松弛法、力密度法和弹性粒子系统法等。然而，这些方法通常用于寻找受拉结构的平衡状态，而单层网壳结构形状设计的实用方法却很少。吴建国系统地研究了网壳结构的形状优化问题，提出了球面网壳结构形状优化分析的两阶段算法。他还对金字塔体系的网壳进行了优化。优化过程中考虑了杆件的长细比，即设定一个下限值。但不同杆件的内力差异较大，构件的长细比应根据构件的内力进行设计。

大跨度网壳结构的破坏形式是整体屈曲和局部屈曲。现有的优化方法没有考虑构件的屈曲承载力，整体屈曲总是由局部屈曲引起的。通过提高各杆件的屈曲能力，可以提高局部屈曲能力。因此，在优化分析中应考虑屈曲承载力的优化。郝鹏在壳体结构优化方面做了系统的工作，已经取得了大量的研究成果。优化过程中考虑了缺陷敏感性。

本章提出了一种优化构件屈曲能力的拓扑优化方法。所提出的方法是与欧拉临界载荷理论相结合的双单元方法。在优化分析中可以准确地考虑节点的抗弯刚度。通过反复分析，可以将构件弯矩降到零，从而大大提高了整个结构的屈曲能力。该方法可显著降低构件的弯矩，并可根据构件的轴向力调整构件长度。本章的主要贡献是根据构件的内力来优化构件的长细比。通过考虑实际荷载条件，可以优化整个结构的材料分布。主要目的是通过形状优化来减小构件的弯矩，然后通过改变节点位置来优化构件的长细比。节点将以优化的形状移动。本章的内容可系统地应用于网壳结构的设计、分析和优化。

2　双单元

双单元法是由作者提出并用于模拟树状结构的方法。该技术的数值模型可以表现为线模型。在通用有限元分析程序ANSYS的基础上，提出了树状结构找形分析的迭代程序。在数值分析中，根据逆吊递推法的基本概念，向上施加规定的荷载。然后进行静力分析，得到节点位移。如果节点位移大于允许误差，则导出的树状结构形式不是最优形式。然后，继续迭代过程。允许误差根据实际结构确定，对于大型结构，可将允许误差设为较大值，以缩短迭代过程。允许误差应根据实际要求设定。一般工程允许误差（参照《钢结构工程施工质量验收规范》）可设为$L/1000$，L为树状结构构件长度。收敛准则采用默认收敛准则，即力、力矩和位移的公差收敛值设为0.005（0.5%）。

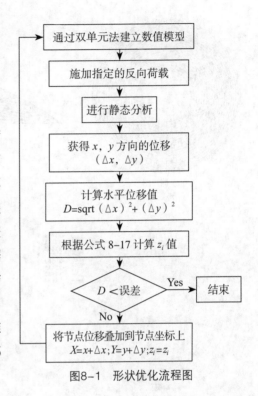

图8-1　形状优化流程图

通过双单元法建立数值模型

施加指定的反向荷载

进行静态分析

获得 x，y 方向的位移（$\triangle x$，$\triangle y$）

计算水平位移值 $D=\mathrm{sqrt}\,(\triangle x)^2+(\triangle y)^2$

根据公式 8-17 计算 z_i 值

$D <$ 误差　Yes　结束

No

将节点位移叠加到节点坐标上 $X=x+\triangle x; Y=y+\triangle y; z_i=z_i$

2.1　双单元法在网壳结构找形分析的应用

采用双单元法对网壳结构进行拓扑优化分析，为验证其适用性。分析结构的几何信息如图8-2所示。在内圈的节点上施加点力，力的大小设定为20kN。双杆件的截面面积（A）和截面二阶矩（I）分别设置为$1\times10^{-4}\mathrm{m}^2$和$2\times10^{-6}\mathrm{m}^4$。约束结构底部节点的平动度和结构顶部节点的水平度。

根据图8-1所示形状优化流程图进行找形分析。重复迭代分析2000次，优化后的分析

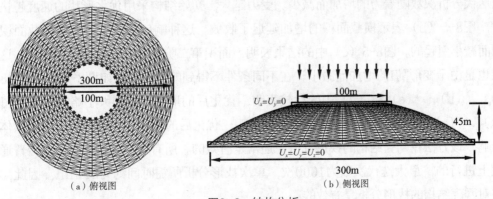

（a）俯视图　　　　　　　　　　　　　（b）侧视图

图8-2　结构分析

结构形状如图8-3所示。然后，进行反向加载，并对优化后的结构进行了分析。图8-4显示了轴向力和弯矩的内力云图。可见得到的弯矩远小于轴向力，因此可以忽略弯矩的影响，并利用所提出的双单元法得到网壳结构在给定荷载下的优化形状。

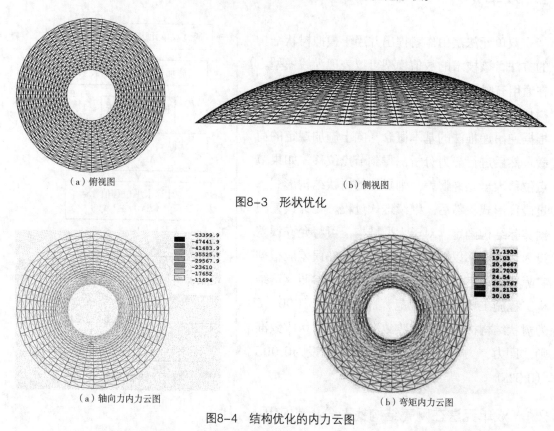

（a）俯视图　　　　　　　　　　　　　　　　　　　　（b）侧视图

图8-3　形状优化

（a）轴向力内力云图　　　　　　　　　　　　　　　（b）弯矩内力云图

图8-4　结构优化的内力云图

2.2　双单元参数的确定

双单元的荷载和力学参数会影响收敛效率，本节系统地研究双单元参数的影响，即力大小（F）、截面面积（A）和面积二阶矩（I）对收敛效率的影响。不同条件下的收敛曲线如图8-5所示。相应的优化得到的形状如图8-6所示。图8-5（a）所示的结果表明，所需的迭代分析次数随着力的增加而减少。受力越大，初始结构采用优化形状的速度越快。同时，图8-5（b）表示横截面积的增加延迟了收敛。这种响应是由于变形随横截面积的增加而减小引起的。图8-5（c）中的结果表明，面积第二阶矩的增加也延迟了收敛。这一结果也是由于变形随I的增加而减小。在不同条件下得到的优化形状如图8-6所示。图8-6（a）、（b）、（c）和（d）中的比较表明，优化后的形状与力的大小略有关系。图8-6（a）、（c）和（d）、（e）的结果比较表明，优化后的形状不受面积和惯性矩具体值的影响。该方法在网壳结构的找形分析中通常是有效的。所有这些分析都是在一台普通计算机上进行的，最大迭代次数为1000次，单次找形分析所需时间约为20min，因此，该方法对网壳结构的找形分析是有效的。

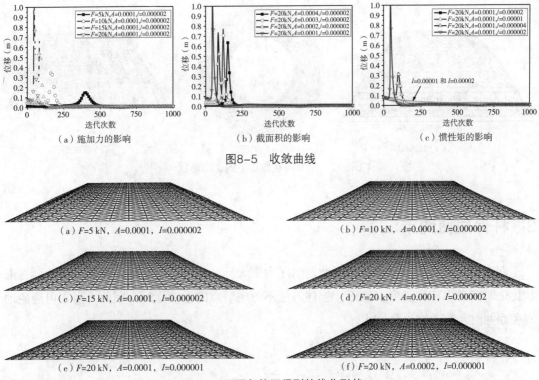

（a）施加力的影响　　　　　（b）截面积的影响　　　　　（c）惯性矩的影响

图8-5　收敛曲线

（a）F=5 kN，A=0.0001，I=0.000002　　　　（b）F=10 kN，A=0.0001，I=0.000002

（c）F=15 kN，A=0.0001，I=0.000002　　　　（d）F=20 kN，A=0.0001，I=0.000002

（e）F=20 kN，A=0.0001，I=0.000001　　　　（f）F=20 kN，A=0.0002，I=0.000001

图8-6　不同条件下得到的优化形状

2.3　约束条件的影响

网壳高度增加到135m，并在内环节点处施加水平和垂直方向的荷载（图8-7）。其他几何尺寸与图8-2（a）相同，结果表明，该方法可用于各种约束条件下的网壳结构找形分析，消除杆件的弯矩，从而提高结构效率。

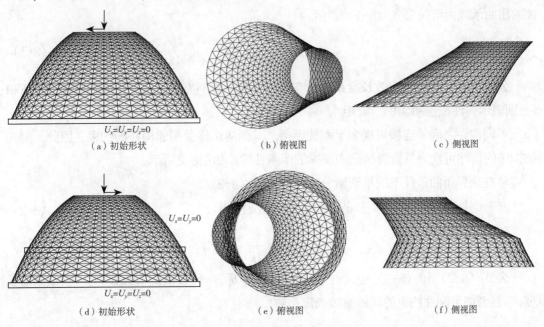

$U_x=U_y=U_z=0$

（a）初始形状　　　　　　（b）俯视图　　　　　　（c）侧视图

$U_x=U_y=0$

$U_x=U_y=U_z=0$

（d）初始形状　　　　　　（e）俯视图　　　　　　（f）侧视图

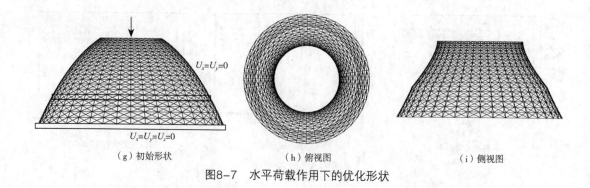

|（g）初始形状|（h）俯视图|（i）侧视图|

图8-7 水平荷载作用下的优化形状

3 杆件屈曲约束

网壳结构的杆件非常细长。因此，当压力增大到一定程度时会发生屈曲。因此，在形状优化时应考虑构件长度。然而，上述方法不考虑节点的垂直坐标。因此，当不可避免地发生屈曲时，应改进这种技术。

3.1 杆件长度优化

该方法可以得到不同荷载组合或约束条件下网壳结构的优化形状。在上述分析中，节点的垂直坐标没有改变，从而导致图8-4（a）所示的问题，即结构上部杆件的长度小于下部杆件的长度。相反，下部杆件的轴向力远大于上部杆件的轴向力。根据欧拉临界载荷，这是不合理的。下部杆件可能发生屈曲，而上部杆件的应力仍然非常低。连续体结构与网壳结构的主要区别在于，在处理网壳结构时，应认真考虑杆件的失稳问题。杆件的整体优化布局应优先考虑材料的强度。所有杆件同时屈曲是合理的，这样不会浪费材料。一根杆件的屈曲承载力可按公式（8-1）表示。

$$P_{cr} = \frac{\pi^2 EL}{(\mu l)^2} \tag{8-1}$$

公式（8-1）中μ为有效长度系数，与连接件的抗弯刚度有关；l表示构件的长度；E和I分别表示弹性模量和面积二阶矩。

不同构件之间的连接可视为半刚性连接，其侧向位移受相邻构件的约束。因此，网壳结构中的构件可视为具有弹性侧向支撑的半刚性梁，如图8-8所示。

柱在临界屈曲条件下的平衡微分方程为公式（8-2）。

$$y^{(4)}(x) + k^2 y^{(2)}(x) = 0 \tag{8-2}$$

$$k = \sqrt{\frac{P}{EI}} = \frac{\pi}{\mu l} \tag{8-3}$$

公式（8-2）和（8-3）中，x代表沿跨度的坐标，y代表横向节点位移，l表示梁的长度，μ是考虑半刚性约束的梁的有效长度系数。

图8-8　弹性横向支承半刚性梁模型

公式（8-2）的一般解可以给出如下：

$$y(x) = A\sin(kx) + B\cos(kx) + Cx + D \tag{8-4}$$

系数A~D可通过考虑桩的边界条件得出，其可概括如下：

$$y(0) = 0 \tag{8-5}$$

$$EIy''(0) = S_1 y'(0) \tag{8-6}$$

$$EIy'''(h) + Py'(h) = S_3 y(h) \tag{8-7}$$

$$EIy''(l) = S_2 y'(l) \tag{8-8}$$

其中S_1和S_2是约束的转动刚度，S_3是横向刚度。

公式（8-9）可由公式（8-4），代入公式（8-5）、公式（8-6）、公式（8-7）、公式（8-8）得出。然后，通过求解公式（8-9）可得出有效长度系数。

$$-32\mu^5 \overline{S}_3 (Z_2-1)(Z_1-1) + 4\mu \begin{bmatrix} 8\mu^4 \overline{S}_3 (Z_2-1)(Z_1-1) \\ + \mu^2 \overline{S}_3 (Z_2 + Z_1 - 2Z_2 Z_1)\pi^2 \\ + (-Z_2 - Z_1 + 2Z_2 Z_1)\pi^4 \end{bmatrix}$$
$$\cos(\frac{\pi}{\mu}) + \pi \begin{bmatrix} 4\mu^4 \overline{S}_3 (4 - 5Z_2 - 5Z_1 + 6Z_1 Z_2) \\ -16\mu^2 \pi^2 (4 - 5Z_2 - 5Z_1 + 6Z_1 Z_2) \\ - \mu^2 \overline{S}_3 \pi^2 Z_1 Z_2 + \pi^4 Z_1 Z_2 \end{bmatrix} \sin(\frac{\pi}{\mu}) \tag{8-9}$$

其中，$\overline{S}_3 = \dfrac{S_3 l^3}{E}$，$Z_1$和$Z_2$是旋转刚度系数，$S_4 = \dfrac{4EI}{l}$。

$$Z_1 = \frac{S_4}{S_4 + S_1}, \ Z_2 = \frac{S_4}{S_4 + S_2} \tag{8-10}$$

网壳结构中各杆件的临界应力应相同，以避免材料浪费。对应于屈曲的临界应力可以通过公式导出。

$$\sigma_{cr} = \frac{P_{cr}}{A} = \frac{\pi^2 E}{A(\mu l)^2} \tag{8-11}$$

式中，A是杆件的横截面积。构件的长度可推导如下：

$$l = \sqrt{\frac{\pi^2 EI}{\mu^2 P_{cr}}} = \sqrt{\frac{\pi^2 EI}{A\mu^2 \sigma_{cr}}} \tag{8-12}$$

3.2　竖向节点坐标的优化

假设组件同时屈曲，因此，不同构件的长度比可以推导如下：

$$l \propto \sqrt{\frac{I}{\mu^2 P}} \propto \sqrt{\frac{I}{A\mu^2\sigma}} \qquad (8-13)$$

提出的网壳结构形状优化方法应考虑构件的屈曲，以优化构件长度。因此，当构件失稳不可避免时，应改进上述方法。

一个杆件的坐标系如图8-9所示。杆件长度比可用投影长度i_z-j_z表示。

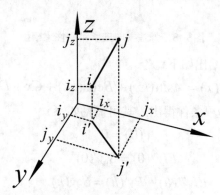

图8-9　构件坐标系示意图

$$i_z j_z = l \times \cos\gamma, \quad i'j' = l \times \sin\gamma \qquad (8-14)$$

$$l = \frac{i_z j_z}{\cos\gamma}, \quad l = \frac{i'j'}{\sin\gamma} \qquad (8-15)$$

式中，l表示构件的长度并且$l = \sqrt{i_x j_x^2 + i_y j_y^2 + i_z j_z^2}$。因此，不同组分的优化长度比可以表示为$i_z j_z$。

$$i_z j_z \propto \sqrt{\frac{I}{\mu^2 P}} \times \cos\gamma \propto \sqrt{\frac{I}{A\mu^2\sigma}} \times \cos\gamma, \quad i'j' \propto \sqrt{\frac{I}{\mu^2 P}} \times \sin\gamma \propto \sqrt{\frac{I}{A\mu^2\sigma}} \times \sin\gamma \quad (8-16)$$

网壳结构的网格尺寸应划分均匀，包括水平方向和垂直方向。在水平方向上，应根据网格尺寸优化节点的垂直坐标。然后可以根据公式（8-16）优化节点的垂直坐标。由于实际条件的限制，网壳结构的高度假定为固定的。因此，最大和最小垂直坐标Z_{max}和Z_{min}可视为常数。将具有相同垂直坐标的节点视为在同一水平上，为了简化计算，将它们的垂直坐标一起优化。提取属于一个水平的所有分量的平均值λ_0以确定第i层的垂直坐标（z_i）（图8-10）。然后，可以通过等式（8-17）确定垂直坐标。

式中，M表示某一层的杆件总数；N表示整个网壳结构的总层数；下标表示第M个构件属于第N层。

$$Z_i = Z_{min} + \frac{\sum_{n=1}^{i}\left(\sum_{m=1}^{M}\sqrt{\frac{I_{mn}}{\mu_{mn}^2 P_{mn}}} \times \sin\gamma_{mn}/M\right)}{\sum_{n=1}^{N}\left(\sum_{m=1}^{M}\sqrt{\frac{I_{mn}}{\mu_{mn}^2 P_{mn}}} \times \sin\gamma_{mn}/M\right)}(Z_{max} - Z_{min}) \qquad (8-17)$$

该方法通过形状优化来减小杆件的弯矩，然后通过改变节点位置来优化构件的长细比。

4　找形分析数值方法的实现

通过综合上述结果，可以实现用于改进网壳结构的找形方法（IFFM）。节点坐标的3个分量可以同时优化。在优化过程中，屈曲承载力趋于恒定。流程图如图8-11所示。在z_i优化中没有考虑水平方向的构件，因为它主要受张拉力的作用。

采用改进的网壳找形方法对同一结构进行找形分析，如图8-7所示。在本分析中，和的值假定相同。改变加载条件[图8-7（a）、（d）、（g）]，相应的优化形状如图8-12所示。结果表明，由于压缩力的变化，下部构件的长度明显小于上部构件的长度。构件长度的差异随着内力差的增大而减小，从而验证了该方法的适用性。

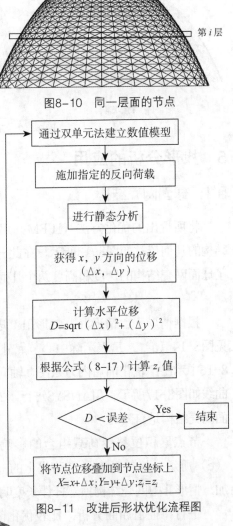

图8-10　同一层面的节点

图8-11　改进后形状优化流程图

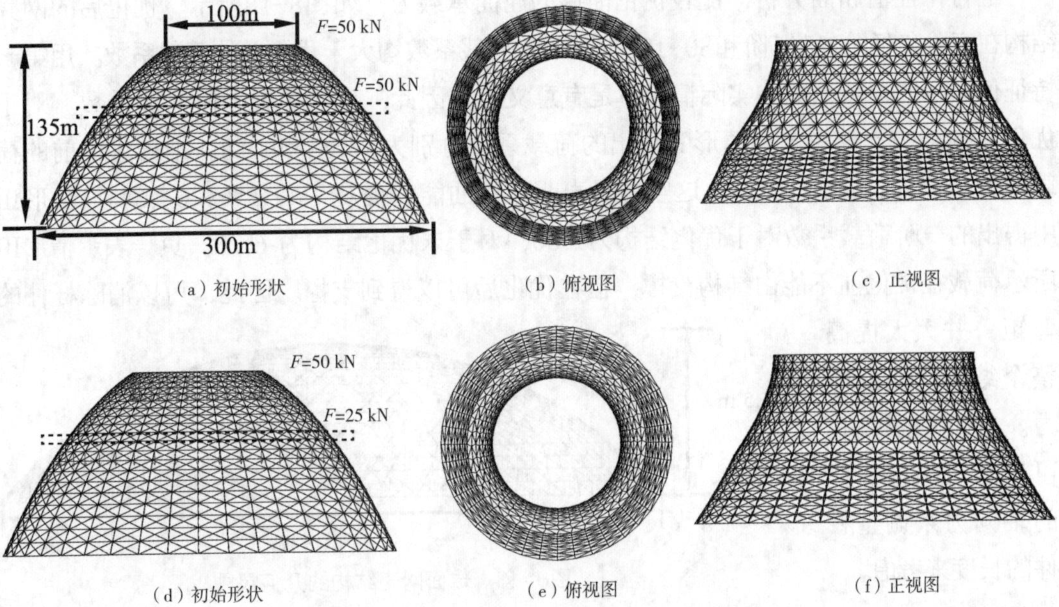

流程图内容：

通过双单元法建立数值模型 →
施加指定的反向荷载 →
进行静态分析 →
获得x，y方向的位移（$\triangle x$，$\triangle y$） →
计算水平位移 $D = \mathrm{sqrt}(\triangle x)^2 + (\triangle y)^2$ →
根据公式（8-17）计算z_i值 →
$D <$误差 —Yes→ 结束
↓No
将节点位移叠加到节点坐标上 $X = x + \triangle x$；$Y = y + \triangle y$；$z_i = z_i$

（a）初始形状　　$F = 50\ \mathrm{kN}$　$F = 50\ \mathrm{kN}$　$135\mathrm{m}$　$100\mathrm{m}$　$300\mathrm{m}$

（b）俯视图

（c）正视图

（d）初始形状　　$F = 50\ \mathrm{kN}$　$F = 25\ \mathrm{kN}$

（e）俯视图

（f）正视图

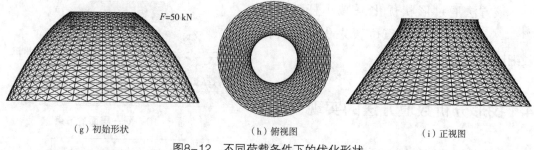

（g）初始形状　　　　　　　（h）俯视图　　　　　　　（i）正视图

图8-12　不同荷载条件下的优化形状

5　找形分析的应用

5.1　球面网壳结构

将所提出的优化方法（IFFM）用于球面网壳结构的找形分析。所分析的球面网状壳结构的几何尺寸如图8-13所示。在此分析中，最初假定和的值相同。在优化过程中，确定了球面网壳结构的跨度和高度两个几何参数。在优化过程中，其他节点的位置可以自由移动。

根据情形Ⅰ、情形Ⅱ、情形Ⅲ，进行了3种找形分析，不同情况下的荷载和初始形状见图8-14（a），F_1表示除中心节点外的节点所受力，F_2表示中心受力节点。图8-15和图8-16中示出了优化前后内力云图。轴向力和弯矩显著降低50%，内力分布得到改善。收敛曲线如图8-17所示。用ANSYS进行了200次迭代分析，结果趋于一致。因此，该方法对球面网壳结构是有效的。

节点累积位移受荷载组合的影响。不同条件下得到的优化形状如图8-14（b）和（c）所示。杆件长度是自动优化的，可以根据内力的相对大小进行调整。由于F_2的增加，情形Ⅱ中网壳结构顶部杆件长度明显小于情形Ⅲ。

进行特征值屈曲分析，比较优化前后的屈曲承载力，如图8-18所示。优化后的网壳结构在高阶和低阶（1~5阶和30~100阶）下的荷载系数均大于优化前的荷载系数。用第一特征值表示的荷载系数在实际情况下是有意义的。因此，比较了第一阶荷载系数。对于优化后的结构，情形Ⅰ和情形Ⅱ得出的荷载系数分别为37.41和4.18。结构优化前的荷载系数分别为25.41和2.54。这些结果表明，屈曲能力提高了47.2%和64.6%。情形Ⅲ中得出的一阶荷载系数对于优化结构为1.60，对于未优化结构为-6.23。负号表示情形Ⅲ所示荷载在优化前不能由结构支撑，但在优化后可以得到支撑。因此，可以消除杆件的弯矩，并大大提高整个结构的屈曲能力。杆件的屈曲也可以通过根据杆件的轴向力来调整杆件的长度来考虑。

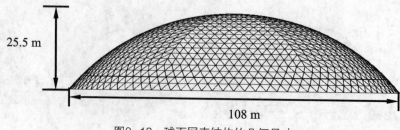

图8-13　球面网壳结构的几何尺寸

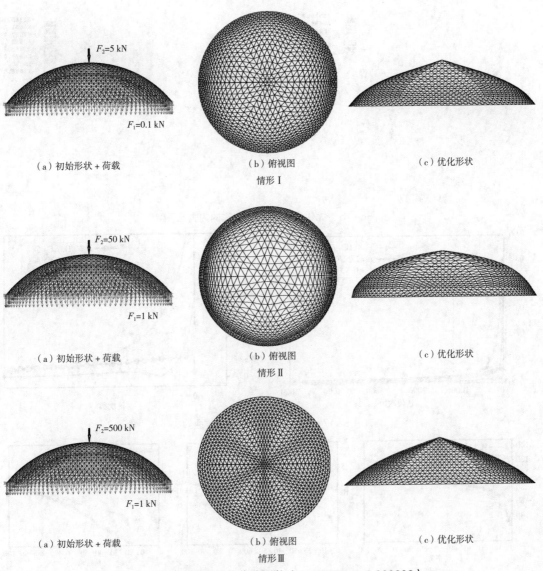

图8-14　球面网壳结构优化形状（$A=0.0001$, $I=0.000002$）

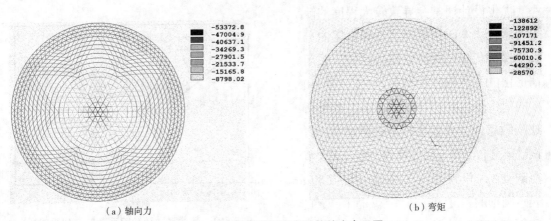

图8-15　优化前球面网壳结构的内力云图

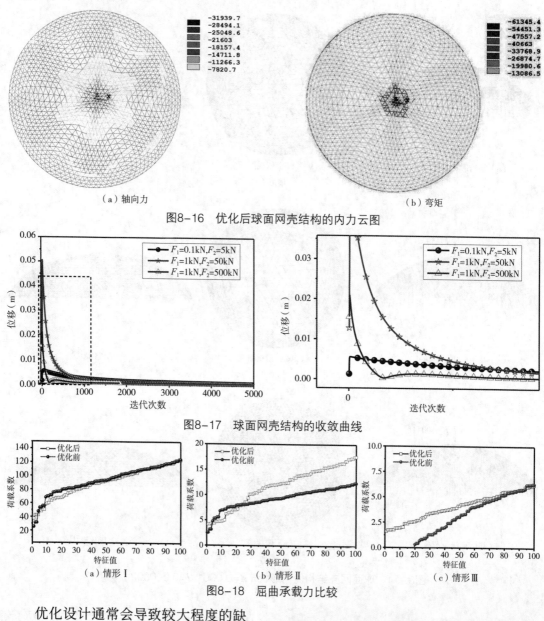

（a）轴向力　　　　　　　　　　　　　　（b）弯矩

图8-16　优化后球面网壳结构的内力云图

图8-17　球面网壳结构的收敛曲线

（a）情形Ⅰ　　　　　　　　（b）情形Ⅱ　　　　　　　　（c）情形Ⅲ

图8-18　屈曲承载力比较

优化设计通常会导致较大程度的缺陷敏感性。本研究以非线性弹性屈曲分析来探讨优化结构的缺陷敏感性。采用情形Ⅲ的初始形状和荷载条件。将F_1和F_2的值设置为10kN和5000kN，以分析缺陷敏感性。在基本模态缺陷法中，假设缺陷分布与第一屈曲模态一致。最大节点缺陷$\Delta_{\max}$设置为$\alpha \times L/300$，其中L和α表示圆顶的跨度和缺陷系数。面积（A）和面积二阶矩（I）设置为$1\times10^{-4}\mathrm{m}^2$和

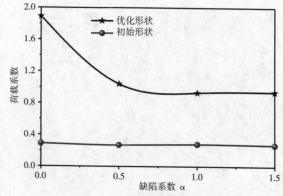

图8-19　荷载系数随缺陷系数的变化趋势
（A=0.0001，I=0.0002）

$2\times10^{-4}m^4$。如图8-19所示，荷载因子随缺陷因子的变化趋势表明，优化后的结构对几何缺陷更为敏感。当缺陷达到0.5时，荷载系数趋于稳定。虽然球面网壳对几何缺陷敏感，但优化后的网壳结构的荷载系数远大于优化后的网壳结构。

5.2　柱面网壳结构

利用所提出的优化方法对该截面柱面网壳结构进行了优化分析。跨度和高度分别设置为30m和15m，并在优化过程中固定。在这个分析中，初始值和假定值是相同的。不同情况下的荷载和初始形状如图8-20（a）所示。F_1表示除中心节点外的节点所受的力，F_2和F_3表示施加在顶部节点的力。在不同条件下得到的优化形状如图8-20（b）、（c）和（d）所示。

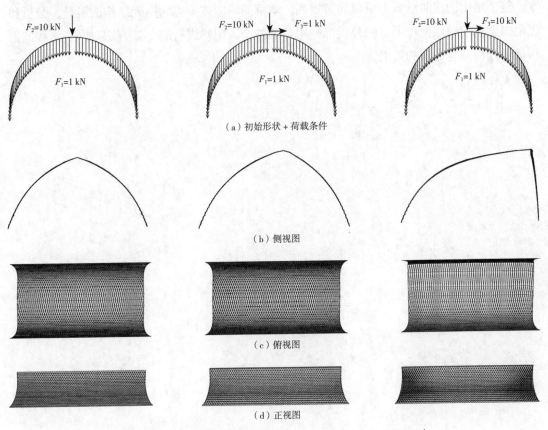

图8-20　柱面网壳结构优化形状（A=0.0001，I=0.000002）

将框架中杆件的有效长度系数μ_1设为0.25和0.5，考察其对杆件长度的影响。其他杆件的有效长度系数μ_2设置为1.0。然后，得到相应的优化网壳，如图8-21所示。可以看出，本节提出的优化方法可以根据杆件的屈曲能力来确定杆件的长度。然后，可以调整垂直方向上的坐标，在优化时确定跨度和高度，并指定其他位移约束条件。

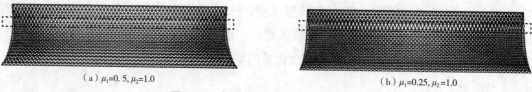

(a) $\mu_1=0.5, \mu_2=1.0$ (b) $\mu_1=0.25, \mu_2=1.0$

图8-21 杆件系数对优化形状的影响

6 本章小结

本章提出了网壳结构的一种系统找形分析方法。引入双单元法，结合稳定性理论建立了网壳结构找形方法（IFFM）。根据构件件的屈曲能力，可以优化节点在竖向的坐标。在优化分析中可以准确地考虑节点的抗弯刚度。通过反复分析，杆件的弯矩几乎可以降到零。整个结构的屈曲承载力可以显著提高。本章的研究成果可为网壳结构的设计、分析和优化提供系统的依据。所有的分析都是用普通的个人电脑进行的。该方法对网壳结构的形状优化分析具有显著的效果。

第九章　基于数值逆吊法的树状结构
拓扑优化数值算法

1　概述

目前关于树状结构的研究主要集中于找形算法的研究。本章在基于双单元数值逆吊法的基础上，提出了基于构件欧拉临界力的长度优化算法。该算法通过优化各个构件的几何长度而提高树状结构的稳定承载能力。目前有关树状结构的找形算法已非常成熟，但是有关树状结构拓扑优化的研究还严重不足，本章所述树状结构的拓扑是指树状结构不同节点之间的分枝连接关系。目前树状结构的拓扑关系，即各个节点通过分枝连接的关系都是人为假定的，在假定的拓扑连接关系的基础上进行找形分析。但是，所假定的树状结构拓扑并不一定是最优的，最优的拓扑与外部荷载和构件截面尺寸是密切相关的。同时，拓扑优化过程与找形过程也是紧密耦合的，即找形结果会影响拓扑优化结果，拓扑优化结果也会影响找形结果。随着树状结构规模的增加，节点数也会急剧增加，树状结构的拓扑应该通过科学高效的方法进行确定，这是充分发挥树状结构高效性的前提。

本章基于该研究背景和现实需求，在前期所提出的找形算法和构件长度优化算法的基础上，提出了基于饱和态树状结构的拓扑优化算法，并将3种算法集成为一体，提出了智能的树状结构拓扑建立-找形-优化算法体系。该算法可根据外部荷载快速确定树状结构的拓扑关系并进行找形和优化。

2　树状结构饱和态

为了对树状结构进行拓扑优化，需要首先对树状结构的初始拓扑进行定义。在此，本节提出树状结构的饱和态，即任意一级节点与上级和下级任意节点之间均存在构件。假如一级节点的个数为m，二级节点的个数为n，则二级分枝的构件数为$m \times n$，饱和态树状结构如图9-1所示。

由于饱和态树状结构构件繁多，不利于树状结构优越力学性能的发挥。因此需要将构件长度过长，内力过小的低能构件进行去除。基于该思想，本章提出了基于饱和

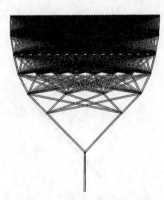

图9-1　饱和态树状结构

树状结构的拓扑优化方法。

3 拓扑优化

对于树状结构，拓扑关系是指不同级别的节点之间的构件相互连接关系。最优的拓扑应能使树状结构的力学效能发挥到极致，即以最少的构件提供最大的竖向刚度和承载力。因为树状结构的最主要应用就是将大面积上的竖向荷载集中于一点。

目前对于树状结构的找形主要集中在找形，找形的作用是通过合理布置节点的位置，使各个构件只受到轴向力的作用。对于这些研究很少涉及树状结构拓扑关系的研究。

树状结构拓扑研究的难点在于，拓扑与找形是耦合在一起的。抛开找形谈拓扑是不现实的，因为每一种拓扑都有其对应的找形结果。拓扑关系不同时，最优的找形结果也不相同。因此，本节提出将找形和拓扑优化同时进行。

3.1 构件选取原则

当利用数值逆吊法对饱和态树状结构进行分析时，由于构件较多，一部分构件会存在受压的情况，进而阻止找形结构的快速收敛。因此，本节采用只受拉单元对饱和态树状结构进行建模，这样受压的构件会主动退出工作，计算结果内力为0。

如图9-2所示，对于一个指定构件，假设其两端节点的编号分别为i和j，节点坐标分别为(x_i, y_i, z_i)和(x_j, y_j, z_j)。由于树状结构的优越性在于承受竖向荷载，因此树状结构分枝对整体树状结构竖向承载力的贡献如式（9-1）所示。构件的效能与其长度和内力大小均相关。如图9-3所示的节点i和j之间的3个传力路径，路径②的传力更直接，构件的轴向方向与外荷载方向更接近，因此，传力路径②被认为是最高效的传力路径，路径上的单元为高效单元。在树状结构的拓扑优化中，将根据构件的力学效能对构件进行选择，去除低效能构件，保留高效能构件。

$$E_z = \frac{(F+\alpha) \times (z_i - z_j)}{\sqrt{(x_i - x_j)^2 + (y_i - y_j)^2 + (z_i - z_j)^2}^{\lambda}} \tag{9-1}$$

式中α为待定系数，目的是消除受压单元的干扰；λ为构件长度指数，用以反映构件长度在构件效能的作用。

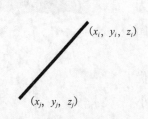

图9-2　树状结构构件节点示意

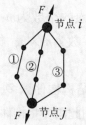

图9-3　高效能构件示意

3.2　基于饱和树状结构的拓扑优化

　　由于树状结构的最优拓扑是与找形结果紧密耦合在一起的，因此对树状结构进行拓扑优化时，需要将找形与拓扑优化同时进行。

3.2.1　基于逆吊法的找形算法

　　基于所建立的双单元数值模型，对树状结构找形的迭代程序进行了研究。由于荷载施加的位置往往取决于实际条件，所以可以认为荷载的位置为预先设定，即施加荷载的节点坐标固定。同时，树干必须是竖直方向。因此，提出的迭代程序如下：首先，将所施加的荷载反向，也就是施加竖直向上的点荷载。将所施加荷载节点的水平自由度进行约束，释放竖向自由度，约束树干底部节点的所有自由度。然后进行非线性静力分析。提取所有节点的水平位移d_{xi}、d_{yi}（d_{xi}为第i个节点的x向位移，d_{yi}为第i个节点的y向位移），将水平位移与原节点坐标x_i、y_i求和作为新的节点坐标x_i、y_i，再以新的节点坐标建立树状结构的双单元数值模型，重新计算，直到节点的最大位移小于允许误差δ为止。具体的流程图如图9-4所示。

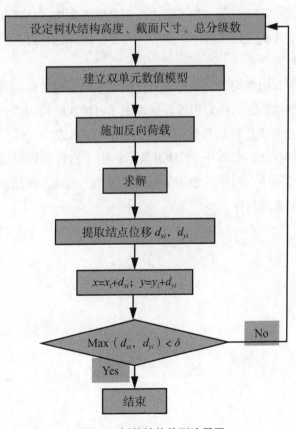

图9-4　树状结构找形流程图

3.2.2　找形-拓扑优化算法

本节在前述基于逆吊法原理找形算法的基础上提出了基于饱和态树状结构的拓扑优化算法。由于找形过程与树状结构拓扑的强耦合性，将找形算法与拓扑优化同时进行。找形-拓扑优化算法的基本流程如图9-5，利用该算法进行拓扑优化时，需首先根据设计指定树状结构的节点分级总数N，每一级包含的节点个数m_i，以及优化完成后每一级分枝剩余的有效分枝数量，称之为优化目标M_i。每一级分枝都有一个优化目标，该优化目标决定了最终树状结构构件的数量。

利用只受拉单元建立饱和态树状结构的数值模型，约束树干根部节点的全部自由度，根据实际情况对顶部节点施加向上的荷载，进行非线性求解，随后利用上一节的找形算法更新节点坐标。从第一级分枝开始逐级计算每一级分枝的构件效能，选出目前构型中效能最低的构件并"杀死"，按照此方法逐步去除树状结构中的多余构件。

对于被选取的拟"杀死"单元要对其可杀性进行判断。该单元的上级节点与下级节点之间连接的单元数量不应小于1，否则不能将该单元"杀死"，只能"杀死"效能排序中符合条件的上一个单元。

由于每一个构件的效能是与树状结构的形状密切相关的，随着找形的进行，找形前期效能低的单元可能变成高效能单元。为了防止误删高效能构件，计算所有被杀死的单元的效能，每一级激活一个效能最大的构件，激活行为每计算5次执行1次。

3.2.3　构件长度优化算法

由于树状结构的所有构件均受到轴心压力，稳定承载力是控制构件长度的主要因素。前期基于单个构件的欧拉稳定承载力相等原则提出了对树状结构构件长度进行优化的迭代算法。本节将该构件长度优化算法与找形-拓扑优化算法集成为一体，即在找形拓扑优化完成后进行构件长度的优化，如图9-5模块Ⅱ所示。由于构件的效能与其长度有关，因此在对长度进行优化的过程中，构件的效能势必发生改变。因此，在模块Ⅱ中同样需要激活高效能构件，并移除低效能构件。

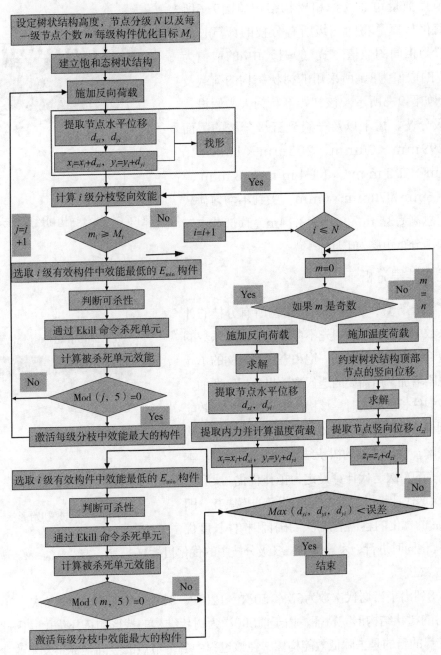

图9-5　树状结构找形-拓扑优化流程图

4　算例优化分析

4.1　初始结构概况

本节利用所提出的优化算法首先对一个平面树状结构进行了分析。该树状结构共有六级节点和分枝。一级节点到六级节点的数量分别为2、4、8、16、32和64。则根据每一级节点数量可建立饱和树状结构如图9-6所示。为简化计算，将同一级所有分枝的计算长度系数设置为相同的数值。式（9-1）中α的取值为10kN，λ的取值为8。所采用的树状结构的荷载及初始形状如图9-6所示，该初始形状为人为假设，共有五级分枝。树干以及一级到五级分枝的截面分别为299mm×20mm、203mm×16mm、159mm×12mm、114mm×8mm、70mm×6mm和70mm×6mm。受到不均匀荷载的作用，总高为3.2m，总宽为3.14m，顶部节点等间距分布，分布距离为0.1m。

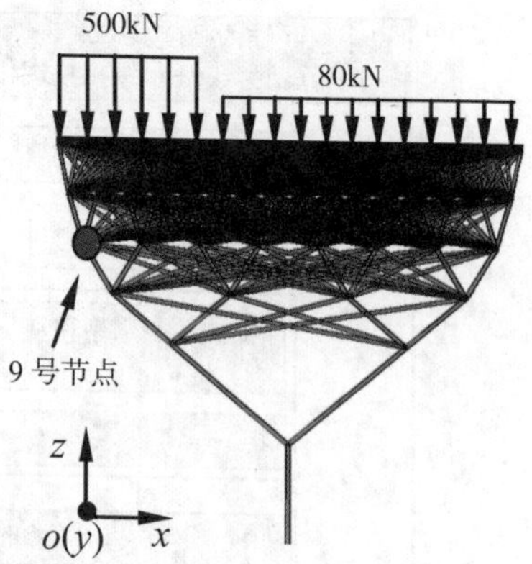

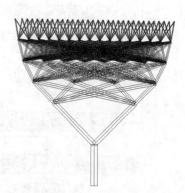

图9-6　树状结构初始形状示意图

4.2　优化结果分析

为了简化计算，首先将树状结构所有分枝的计算长度系数μ假设为1.0，即先不考虑计算长度系数的影响。随着节点级数的增加，饱和态树状结构的单元个数会急剧增加，所需要的迭代次数也会相应增加。由于分枝构件长度太大时，该构件不可能成为高效能构件，因此，将五级分枝中长度大于0.5m的分枝构件首先去除，优化之前的树状结构如图9-7所示。本算例中将前500次迭代计算设定为拓扑优化+找形分析，500次迭代计算以后进入图9-5所示的模块Ⅱ，即500次以后的优化内容包括找形、拓扑和构件长度优

图9-7　迭代初始形状

化，3种优化同时进行。本算例中将各级分枝中的优化目标M_1、M_2、M_3、M_4、M_5分别为2、4、8、16、32。

图9-8列出了当迭代次数为6次、50次、120次、186次、500次、1800次、3000次和6000次时的树状结构形貌特征。由于前500次为树状结构的找形和拓扑优化，因此，该部分迭代计算的目的是去除低效能构件。在该过程中各个节点的竖向坐标不发生改变。从图中所示结果可以看出，各级分枝数量符合预先设定的优化目标。在树状结构找形的同时，所提出的算法可以精确地选出高效能分枝，去除低效能分枝。由迭代结果可知，在预先设定的优化目标时，树状结构的最优拓扑趋向于二分枝树状结构。

当迭代次数超过500次以后，分枝长度优化算法开始介入，该算法将根据每个构件内力大小对其几何长度进行优化。目标是根据木桶原理将整体结构的稳定承载能力提高到最大值。通过观察500次以后迭代过程中树状结构的形貌变化特征可知，树干的截面的实际内力与其稳定承载力的比值低于所有分枝的平均水平，因此长度优化算法增加了树干的

长度而减小了上部分枝中实际内力与其稳定承载力的比值高于平均水平的分枝，如5级分枝。通过"取长补短"进而提高整体稳定承载力。由于树状结构左侧荷载大于右侧荷载，因此优化后左侧构件密度大于右侧构件密度，说明该算法可以根据荷载分布自动分配构件的位置。由于右侧分枝的应力水平比较低，导致构件实际内力与稳定承载力的比值偏低，进而引起一级分枝中右侧分枝的长度小于左侧分枝。从图中所示结果可知，经过7000次迭代以后树状结构的形状不再发生变化，即可认为得到了高效的树状结构。

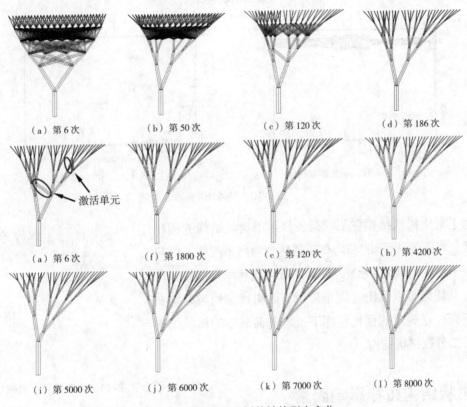

图9-8　优化过程中树状结构形态变化

图9-9所示为优化完成后树状结构在给定荷载作用下的弯矩和轴向力云图。从图中可知，树状结构各个构件的弯矩最大值为0.017N·m，轴向力峰值为7600kN。与轴向力比起来，弯矩很小可以忽略。从该算例可以看出，拓扑优化算法可以在树状结构的找形和长度优化过程中移除低效能构件，激活高效能构件。图9-10所示为9号节点x向和z向位移的收敛曲线。前500次迭代主要是找形和移除低效能构件，从图9-10（a）所示曲线可以看出，迭代500次时，9号节点的x向位移已不再发生变化。迭代500次以后，长度优化算法介入，此时x向位移有突变，随后在0左右浮动变化，这是由于构件长度变化引起的，但是浮动值在±2.5mm以内可以忽略。

图9-10（b）所示为9号节点z向位移的收敛曲线。前500次z向位移不参与迭代，所以并无实际意义。500次迭代以后的z向位移逐步减小至0，说明构件长度趋于稳定。

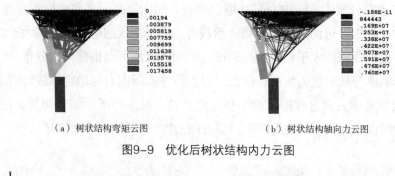

（a）树状结构弯矩云图　　　　　　　　（b）树状结构轴向力云图

图9-9　优化后树状结构内力云图

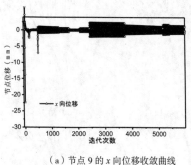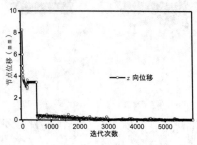

（a）节点9的x向位移收敛曲线　　　　　　　（b）节点9的z向位移收敛曲线

图9-10　节点9坐标收敛曲线

为了对比树状结构在不同荷载作用下树状结构的拓扑和形状，将图9-6所示的非均布荷载转变为均布荷载，即每个节点所承受荷载为80kN，得到的最终树状结构如图9-11所示。从结果可以看出，均布荷载下的树状结构与非均布荷载不同，在规定的优化目标下，均布荷载下的树状结构趋近于二分枝树状结构。

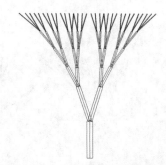

图9-11　均布荷载下的树状结构

5　树状结构拓扑影响因素

5.1　优化目标影响

优化目标M_i是指拓扑优化过程中第i级有效分枝的数量。由树状结构的特点可知，M_i必须大于第i级节点的个数。当M_i等于第i级节点的个数时，除了第五级分枝外，其他各部分分枝与二分枝树状结构相同。因此，通常可以将树状结构的优化目标设定为与二分枝树状结构相同，即M_i等于第i级节点的个数。根据表9-1设置各级分枝优化目标。本节对比了当优化目标不同时树状结构最终拓扑变化规律。从图9-12所示结果可以看出，优化目标的变化几乎不会改变树状结构的外形轮廓，即树状结构的力流主线不发生改变。由于数值计算误差，即使荷载对称分布，左右两侧的构件也可能出现不完全对称的情况，这是由于部分构件的效能非常接近。

表9-1　优化目标M_i组合

工况	M_3	M_4	M_5	M_6
I	4	8	16	32
II	4	10	16	32
III	4	10	20	40

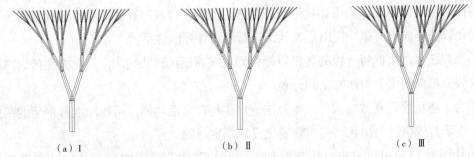

（a）I　　　　　（b）II　　　　　（c）III

图9-12　不同优化目标对应树状结构（均布荷载）

5.2　高宽比影响

本节研究了树状结构高宽比对其拓扑的影响，将树状结构顶部宽度设定为3.14m、4.71m和6.28m。高度保持不变，依然是3.2m。3种宽度下树状结构的优化结果如图9-13所示。从图中可以看出，树状结构的高宽比基本不会影响树状结构的主要拓扑关系。由于部分构件的倾斜角度发生改变，会导致部分构件的内力发生改变，从而导致局部的拓扑关系改变。树状结构顶部宽度分别是4.71m和6.28m所对应的内力云图如图9-14所示。通过对比可以发现，当增加优化目标M_i而多保留分枝的内力与图9-12（a）的构件内力相比较小，可以认为二分枝树状结构的优化目标是最高效的。

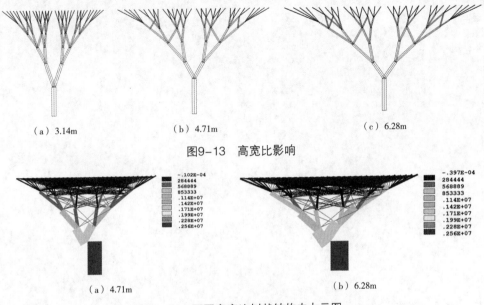

（a）3.14m　　　　　（b）4.71m　　　　　（c）6.28m

图9-13　高宽比影响

（a）4.71m　　　　　（b）6.28m

图9-14　不同高宽比树状结构内力云图

6 本章小结

树状结构的拓扑和找形过程是一个紧密的耦合过程，两个过程会相互影响。本章在树状结构拓扑定义和饱和态树状结构的基础上提出了树状结构的拓扑优化算法，提出了树状结构构件效能定义方法以及拓扑优化集成算法的流程。将找形算法、构件选择算法和构件长度优化算法集成于一体，提出了树状结构智能设计算法体系。

①该算法可以根据每一级的优化目标得到最终的最优树状结构，简化力流传递路径，根据荷载分布自动优化构件的空间分布。

②为了防止误删高效能构件，本算法设计了构件复活功能，可以激活找形后的高效能构件。本研究成果可为树状结构的智能化设计奠定基础。

③从图9-13中可以看出，树状结构的高宽比基本不会影响树状结构的主要拓扑关系。由于部分构件的倾斜角度发生改变，会导致部分构件的内力发生改变，从而导致局部的拓扑关系改变。

④当增加优化目标M_i而多保留分枝的内力与二分枝树状结构分枝内力相比很小。因此，通常可以将树状结构的优化目标设定为与二分枝树状结构相同，即M_i等于第i级节点的个数。

参考文献

[1]HUNT J, HAASE W, SOBEK W. A design tool for spatial tree structures[J]. Journal of the International Association for Shell and Spatial Structures, 2009, 50(1): 3- 10.

[2]陈俊, 张其林, 谢步瀛. 树状柱在大跨度空间结构中的研究与应用[J]. 钢结构, 2010, 25(3): 1-4.

[3]张倩, 陈志华, 王小盾, 等. 基于连续折线索单元的树状结构找形研究[J]. 天津大学学报(自然科学与工程技术版), 2015, 48(4): 362-372.

[4]武岳, 徐云雷, 李清朋. 树状结构杆件计算长度系数研究[J]. 建筑结构学报, 2018, 39(6): 53-60.

[5]武岳, 张建亮, 曹正罡. 树状结构找形分析及工程应用[J]. 建筑结构学报, 2011, 32(11): 162-168.

[6]武岳, 张建亮, 曹正罡, 等. 黑龙江省新博物馆树状结构形态创建与稳定性分析[J]. 建筑结构学报, 2013, 34(9): 118-123.

[7]徐荣. 树状结构形态分析及其水平地震响应研究[D]. 上海: 同济大学, 2005.

[8]ZHONGWEI ZHAO, BING LIANG, HAIQING LIU, et al. A novel numerical method for form-finding analysis of branching structures[J]. Journal of the Brazilian Society of Mechanical Sciences and Engineering, 2017, 39(6): 2241-2252.

[9]ZHONGWEI ZHAO, BING LIANG, HAIQING LIU. Topology establishment, form finding and mechanical optimization of branching structures [J]. Journal of the Brazilian Society of Mechanical Sciences and Engineering, 2018, 40(11): 539.

[10]KOLODZIEJCZYK M. Verzweigungen mit faden: einige aspekte der formbildung mittels fadenmodellen [R] Stuttgart: Universitt Stuttgart. Verzweigungen, Natürliche Konstruktionen-Leichtbau in Architektur und Natur, 1992: 101-126.

[11]VON BUELOW P. A geometric comparison of branching structures in tension and compression versus minimal paths [C] / / IASS 2007. Venice, Italy: University IUAV of Venice, 2007: 252.

[12]ZHONGWEI ZHAO, ZHIHUA CHEN, XIANGYU YAN, et al. Simplified numerical method for latticed shells that considers member geometric imperfection and semi-rigid joints [J] . Advances in Structural Engineering, 2016, 19(4): 689–702.

[13]ZHONGWEI ZHAO, ZHIHUA CHEN. Analysis of door-type modular steel scaffolds based on a novel numerical method[J]. Advanced Steel Construction - an International Journal, 2016, 12(3): 316-327.

[14]赵中伟. 大跨度双螺旋单层网壳施工分析优化及温度效应研究[D]. 天津: 天津大学, 2016.

[15]ZHONGWEI ZHAO, ZHIHUA CHEN. Analysis of door-type modular steel scaffolds based

on a novel numerical method[J]. Advanced Steel Construction - an International Journal, 2016, 12(3): 316-327.

[16]ZHONGWEI ZHAO, ZHIHUA CHEN, XIANGYU YAN, et al. Simplified numerical method for latticed shells that considers member geometric imperfection and semi-rigid joints [J]. Advances in Structural Engineering, 2016, 19(4): 689–702.

[17]ZHIHUA CHEN, HAO XU, ZHONGWEI ZHAO, et al. Investigations on the mechanical behavior of suspend-dome with semirigid joints [J]. Journal of constructional steel research, 2016, 122: 14-24.

[18]ZHONGWEI ZHAO, BING LIANG, HAIQING LIU, et al. A novel numerical method for form-finding analysis of branching structures[J]. Journal of the Brazilian Society of Mechanical Sciences and Engineering, 2017, 39(6): 2241-2252.

[19]ZHONGWEI ZHAO, HAIQING LIU, BING LIANG. Novel numerical method for the analysis of semi-rigid jointed lattice shell structures considering plasticity [J]. Advances in Engineering Software, 2017, 12(114): 208-214.

[20]ZHONGWEI ZHAO, HAIQING LIU, BING LIANG, et al. Influence of random geometrical imperfection on stability of single-layer reticulated domes with semi-rigid connection[J]. Advanced Steel Construction - an International Journal, 2019, 15(1): 93-99.

[21]ZHONGWEI ZHAO, HAIQING LIU, BING LIANG, et al. Semi-rigid beam element model for progressive collapse analysis of steel frame structures [J]. Structures and Buildings, 2019, 172(2): 113–126.

[22]ZHONGWEI ZHAO, JINJIA WU, HAIQING LIU, et al. Shape optimization of reticulated shells with constraints on member instabilities[J]. Engineering Optimization, 2019, 51(9): 1-18.

[23]ZHONGWEI ZHAO, BING LIANG, HAIQING LIU. Topology establishment, form finding and mechanical optimization of branching structures [J]. Journal of the Brazilian Society of Mechanical Sciences and Engineering, 2018, 40(11): 539.

[24]ZHONGWEI ZHAO, JINJIA WU, YING QIN, et al. The strong coupled form-finding and optimization algorithm for optimization of reticulated structures [J]. Advances in Engineering Software, 2020, 140: 102765.